中等职业学校工业和
信息化精品系列教材

UI 设计

项目式全彩微课版

主编：陈秀双 庞锦维

副主编：李佳芸 陈建伟

人民邮电出版社

北 京

图书在版编目（ＣＩＰ）数据

UI设计：项目式全彩微课版 / 陈秀双，庞锦维主编
. -- 北京：人民邮电出版社，2023.11
中等职业学校工业和信息化精品系列教材
ISBN 978-7-115-62526-7

Ⅰ．①U… Ⅱ．①陈… ②庞… Ⅲ.①人机界面－程序
设计－中等专业学校－教材 Ⅳ．①TP311.1

中国国家版本馆CIP数据核字(2023)第156426号

内 容 提 要

本书全面、系统地介绍 UI 设计的相关知识和设计技巧。全书共 6 个项目，包括 UI 设计基础、UI 图标设计、UI 控件设计、UI 组件设计、UI 页面设计和 UI 设计输出等内容。

本书采用"项目—任务"式编写体例，重点项目按照"相关知识—任务引入—设计理念—任务知识—任务实施—项目演练"的顺序讲解。其中，"相关知识"部分介绍 UI 设计的主要概念、原则、类型等知识；"任务引入"部分提出具体的任务要求；"设计理念"部分给出案例的设计思路；"任务知识"部分介绍完成任务需要运用的工具、命令；"任务实施"部分带领学生完成完整的制作过程；"项目演练"部分提供独立的练习任务，帮助学生提高实际应用能力。

本书可作为中等职业学校数字媒体类专业 UI 设计课程的教材，也可作为 UI 设计初学者的参考书。

◆ 主　　编　陈秀双　庞锦维
　　副 主 编　李佳芸　陈建伟
　　责任编辑　王亚娜
　　责任印制　王　郁　焦志炜
◆ 人民邮电出版社出版发行　　北京市丰台区成寿寺路 11 号
　　邮编　100164　电子邮件　315@ptpress.com.cn
　　网址　https://www.ptpress.com.cn
　　北京尚唐印刷包装有限公司印刷
◆ 开本：889×1194　1/16
　　印张：11.25　　　　　　　　　　2023 年 11 月第 1 版
　　字数：223 千字　　　　　　　　 2023 年 11 月北京第 1 次印刷

定价：59.80 元

读者服务热线：(010)81055256　印装质量热线：(010)81055316
反盗版热线：(010)81055315
广告经营许可证：京东市监广登字 20170147 号

前 言
PREFACE

中国式现代化蕴含的独特世界观、价值观、历史观、文明观、民主观、生态观等及其伟大实践，是对世界现代化理论和实践的重大创新。新时代的中国青年，是伟大理想的追梦人，也是伟大事业的生力军。本书贯彻党的二十大精神，注重运用新时代的事实、案例、素材优化教学内容，改进教学模式，引导青年学生做爱国、励志、求真、力行的时代新人。

随着移动互联网的发展与人们消费结构的升级，交互设计行业亦趋向成熟，同时该行业对 UI 设计的要求也越高。目前，我国很多中等职业学校的数字艺术类专业都将 UI 设计列为一门重要的专业课程。本书从人才培养目标出发，明确专业课程标准，强化专业技能培养，合理安排教学内容，并根据岗位技能要求，引入真实商业案例，通过"微课"等立体化的教学手段来支撑课堂教学。

根据中等职业学校的教学方向和教学特色，我们对本书的编写体系做了精心的设计：项目 1 重点介绍 UI 设计的相关概念、软件、流程、规范与规则等；项目 2～项目 5 通过旅游、电商、餐饮等应用领域的案例来引导学生熟悉 UI 设计思路，掌握 UI 设计技巧，达到实战水平；项目 6 对 UI 设计输出进行了系统介绍。全书以商业案例贯穿，案例选取注重实用性，贴合岗位要求。

本书提供了素材、效果图、PPT 课件、教学大纲、教案等丰富的教学资源，任课教师可登录人邮教育社区（www.ryjiaoyu.com）免费下载。本书的参考学时为 64 学时，各项目的参考学时参见下面的学时分配表。

项目	项目内容	学时分配
项目 1	走进 UI 设计的世界——UI 设计基础	8
项目 2	设计趣味的图标——UI 图标设计	10
项目 3	制作别致的控件——UI 控件设计	10
项目 4	搭建丰富的组件——UI 组件设计	10
项目 5	打造生动的页面——UI 页面设计	16
项目 6	快速输出 UI 设计——UI 设计输出	10
学时总计		64

由于编者水平有限，书中难免存在疏漏和不足之处，敬请广大读者批评指正。

编者

2023 年 5 月

目 录

CONTENTS

项目 6　快速输出UI设计——UI设计 输出/154

相关知识

项目1

走进UI设计的世界——UI设计基础

01

  随着互联网市场的发展与成熟，企业对UI设计从业人员的要求也越来越全面、多样，因此UI设计从业人员除了要学习UI设计基础知识，还要不断更新、拓展自己的知识体系。本项目对UI设计的基本概念、常用软件、项目流程及规范与规则进行简要介绍。通过本项目的学习，读者将对UI设计有一个初步的认识，以顺利开展系统的UI设计学习。

学习引导

知识目标

- 理解 UI 设计的基本概念
- 了解 UI 设计的常用软件
- 熟悉 UI 设计的项目流程

能力目标

- 掌握搜索 UI 设计应用的方法
- 掌握 UI 设计的规范与规则

素养目标

- 培养对 UI 设计的兴趣
- 提高自学能力

相关知识：了解 UI 设计的发展趋势

　　我国 UI 设计行业的发展是飞跃式的：早期专注于工具的技法型表现，当前则要求 UI 设计师参与到整个商业链中，设计师需要兼顾商业目标和用户体验。可以看出国内 UI 设计行业的发展是跃式的。UI 设计的发展趋势如图 1-1 所示，在 20 多年间，其从设计风格、技术实现到应用领域都发生了巨大的变化。

图 1-1

任务 1.1　理解 UI 设计的基本概念

1.1.1　任务引入

　　本任务要求读者首先了解 UI 设计的基本概念，然后到花瓣网调研 UI 设计的实际应用并进行赏析，提高 UI 设计鉴赏水平。

1.1.2　任务知识

　　UI 是 User Interface（用户界面）的缩写，UI 设计是指对软件的人机交互、操作逻辑、界面美观的整体设计。优秀的 UI 设计不仅要保证界面的美观，更要保证交互设计（Interaction Design，IxD）的可用性及用户体验（User Experience，UE/UX）的友好度。UI 设计范例如图 1-2 所示。

图 1-2

1.1.3 任务实施

（1）启动浏览器，打开花瓣网官网，单击右上角的"登录/注册"按钮，如图1-3所示，在弹出的对话框中选择登录方式并登录，如图1-4所示。

图1-3   图1-4

（2）在搜索框中输入关键词"UI设计"，如图1-5所示，按Enter键进入搜索结果页面。

图1-5

（3）单击页面上方的"画板"选项，如图1-6所示，会显示出与UI设计相关的图标设计、App界面设计以及网页设计等画板。选择其中的"APP界面"画板，单击"关注"按钮，如图1-7所示，关注该画板。也可以根据调研需要关注其他与UI设计相关的画板。

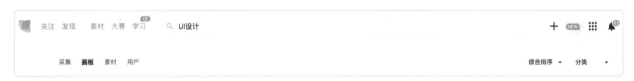

图1-6

图1-7

（4）单击关注的"APP界面"画板，进入该画板，如图1-8所示。通过调研并赏析该画板中 UI 设计的实际应用案例，更好地理解 UI 设计的基本概念。使用上述方法，调研并赏析其他与 UI 设计相关的画板，进一步熟悉 UI 设计的应用。

图 1-8

任务 1.2　了解 UI 设计的常用软件

1.2.1　任务引入

本任务要求读者首先了解 UI 设计的常用软件，然后到各常用软件的官网进行调研，熟悉它们的功能、特色等。

1.2.2　任务知识

根据软件的专业性、市场的认可度及用户的数量等因素，可以将 UI 设计的常用软件总结为界面设计、动效设计、网页设计、3D 渲染、思维导图以及交互原型这 6 类，如图 1-9 所示。建议初学者先掌握 Photoshop 和 Illustrator，如果有条件购买苹果电脑，还要掌握 Sketch 和 Figma。

（a）界面设计类

图 1-9

（b）动效设计类 （c）网页设计类 （d）3D渲染类

（e）思维导图类 （f）交互原型类

图1-9（续）

1.2.3 任务实施

（1）以调研Photoshop为例，启动浏览器，打开Adobe官网，如图1-10所示。单击"创意和设计"按钮，在展开的菜单中选择"Photoshop"选项，如图1-11所示，跳转到Photoshop的相关网页。

图1-10

图1-11

（2）Photoshop的相关网页中有Photoshop的相关功能介绍和具体操作方法，如图1-12所示，能够帮助用户更好地了解Photoshop。使用上述方法，对Illustrator、Sketch和Figma

等其他 UI 设计常用软件进行调研，熟悉其相关功能、特色等。

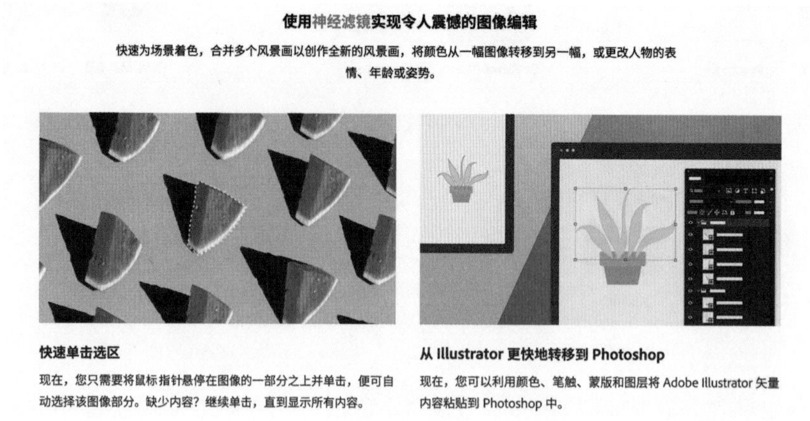

使用神经滤镜实现令人震憾的图像编辑
快速为场景着色，合并多个风景画以创作全新的风景画，将颜色从一幅图像转移到另一幅，或更改人物的表情、年龄或姿势。
快速单击选区
现在，您只需要将鼠标指针悬停在图像的一部分之上并单击，便可自动选择该图像部分。缺少内容？继续单击，直到显示所有内容。
从 Illustrator 更快地转移到 Photoshop
现在，您可以利用颜色、笔触、蒙版和图层将 Adobe Illustrator 矢量内容粘贴到 Photoshop 中。

图 1–12

任务 1.3 熟悉 UI 设计的项目流程

1.3.1 任务引入

本任务要求读者首先了解 UI 设计的项目流程，然后到 UI 中国官网调研、赏析优秀的 UI 设计项目，熟悉 UI 设计的完整流程。

1.3.2 任务知识

对于整个产品的设计流程而言，UI 设计仅是其中的一部分；而一个 UI 设计项目从启动到上线，也会经历多个环节，如图 1-13 所示。

需求分析
交互设计
视觉设计
技术开发
产品上线
运营维护
需求评审
交互评审
设计评审
测试走查
验证总结

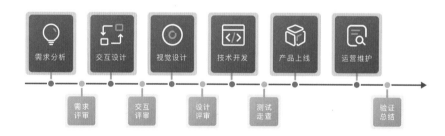

图 1–13

1.3.3 任务实施

（1）启动浏览器，打开 UI 中国官网，单击右上角的“登录”按钮，如图 1-14 所示，在弹出的对话框中选择登录方式并登录，如图 1-15 所示。

图 1-14   图 1-15

（2）单击"发现"按钮，在弹出的菜单中选择"作品"选项，如图 1-16 所示，进入作品页面。

图 1-16

（3）单击页面左上角的"全部分类"按钮，在弹出的菜单中选择"App"选项，页面中出现了大量 App 项目。单击其中一个项目，可以查看该项目的完整设计过程，如图 1-17 所示。使用上述方法，调研、赏析多个 UI 设计项目，进一步熟悉 UI 设计的项目流程。

图 1-17

任务 1.4   掌握 UI 设计的规范与规则

1.4.1   任务引入

本任务要求读者首先了解 UI 设计的设计单位、设计尺寸、适配方案、设计结构、间距规范、文字规范、图标尺寸及图片比例，然后到优设网搜索、阅读与 UI 设计规范相关的文章，进一步熟悉 UI 设计的规范与规则。

1.4.2   任务知识

掌握 UI 设计的基础规范与规则可以让设计师在进行设计时事半功倍。下面主要介绍设计单位、设计尺寸、适配方案、设计结构、间距规范、文字规范、图标尺寸以及图片比例等基础规范与规则。

① 设计单位

（1）PPI 和 DPI

● PPI：像素密度（Pixels Per Inch）是屏幕分辨率单位，表示的是每英寸的像素数量，通常用于 iOS 设备。

● DPI：网点密度（Dots Per Inch）是打印分辨率单位，表示每英寸打印的点数，通常用于 Android 设备。

（2）px、pt、dp、sp

● px：像素（pixels）是物理像素（Physical Pixel）的单位，属于相对单位，会因为屏幕像素密度的变化而变化。px 是用 Photoshop 进行 UI 设计时使用的单位，使用此单位需要兼容不同分辨率的界面。

● pt：点（points）是逻辑像素（Logic Point）的单位，属于绝对单位，不会因为屏幕像素密度的变化而变化。pt 是 iOS 开发及用 Sketch 进行 UI 设计时使用的单位。

● dp：独立密度像素（Density-independent Pixels）是 Android 设备上的基本单位，属于非文字单位，等同于 iOS 设备上的 pt。

● sp：独立缩放像素（Scale-independent Pixels）是 Android 设备上的字体单位。用户可以根据自己的需求调整文字尺寸，当文字尺寸是"正常"时，1sp=1dp。

px、pt、dp、sp 在不同分辨率下的换算如图 1-18 所示，图 1-19 所示为常见的图标尺寸。

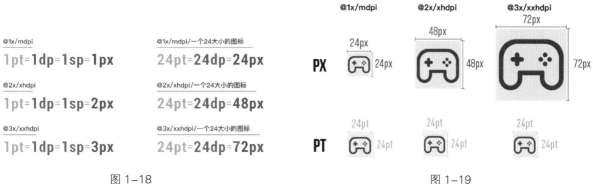

图 1-18　　　　　　　　　　　　　　　　　　　　　　　图 1-19

② 设计尺寸

iOS 设备常见的尺寸如图 1-20 所示。在进行 UI 设计时，为了适配大部分设备，推荐以 iPhone X/XS/11 Pro 的尺寸为基准。如果使用 Photoshop，就创建 750px×1624px（将 375pt×812pt 的画布放大 2 倍，可以更好地在 Photoshop 中进行适配）的画布；如果使用 Sketch，就建立 375pt×812pt 的画布。

设备名称	屏幕尺寸	PPI	Asset	竖屏点（pt）	竖屏分辨率（px）
iPhone XS Max、11 Pro Max	6.5in	458	@3x	414 x 896	1242 x 2688
iPhone XR、11	6.1in	326	@2x	414 x 896	828 x 1792
iPhone X、XS、11 Pro	5.8in	458	@3x	375 x 812	1125 x 2436
iPhone 8+、7+、6s+、6+	5.5in	401	@3x	414 x 736	1242 x 2208
iPhone 8、7、6s、6	4.7in	326	@2x	375 x 667	750 x 1334
iPhone SE、5、5S、5C	4.0in	326	@2x	320 x 568	640 x 1136
iPhone 4、4S	3.5in	326	@2x	320 x 480	640 x 960
iPhone 1、3G、3GS	3.5in	163	@1x	320 x 480	320 x 480
iPad Pro 12.9	12.9in	264	@2x	1024 x 1366	2048 x 2732
iPad Pro 10.5	10.5in	264	@2x	834 x 1112	1668 x 2224
iPad Pro、iPad Air 2、Retina iPad	9.7in	264	@2x	768 x 1024	1536 x 2048
iPhone Mini 4、iPad Mini 2	7.9in	326	@2x	768 x 1024	1536 x 2048
iPad 1、2	9.7in	132	@1x	768 x 1024	768 x 1024

图 1-20

Android 设备常见的尺寸如图 1-21 所示。在进行 UI 设计时，如果想要同时适配 Android 设备和 iOS 设备，就使用 Photoshop 新建 720px×1280px 的画布。如果根据 Material Design（材料设计语言，是由 Google 公司推出的设计语言）新规范单独设计 Android 设备的设计稿，就使用 Photoshop 新建 1080px×1920px 的画布。无论要满足哪种需求，使用 Sketch 只需建立 360dp×640dp 的画布。

名称	分辨率（px）	DPI	像素比	示例dp	对应像素
xxxhdpi	2160 x 3840	640	4.0	48dp	192px
xxhdpi	1080 x 1920	480	3.0	48dp	144px
xhdpi	720 x 1280	320	2.0	48dp	96px
hdpi	480 x 800	240	1.5	48dp	72px
mdpi	320 x 480	160	1.0	48dp	48px

图 1-21

❸ 适配方案

一套 App UI 设计通常在 80 ~ 150 页。由于使用 Photoshop 进行 UI 设计用的单位是 px，因此在适配时还需要额外设计出其他机型的页面。而使用 Sketch、XD、Figma 等软件进行 UI 设计用的单位是 pt，如图 1-22 所示，因此在适配时无须额外设计出其他机型的页面。

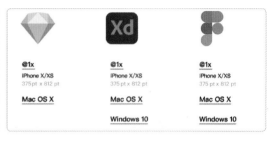

图 1-22

❹ 设计结构

在 iOS 设备中，界面通常由状态栏、导航栏、安全设计区及标签栏（工具栏）组成。自全面屏上市以来，界面较之前还多了虚拟主页键，如图 1-23 所示。

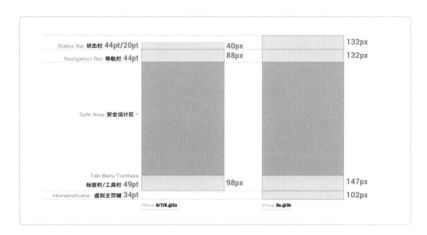

图 1-23

Android 设备和 iOS 设备的界面布局一样，只是部分的叫法不同，如图 1-24 所示。在 Android 设备中，界面通常由状态栏、顶部应用栏、安全设计区、底部应用栏以及虚拟导航栏组成。

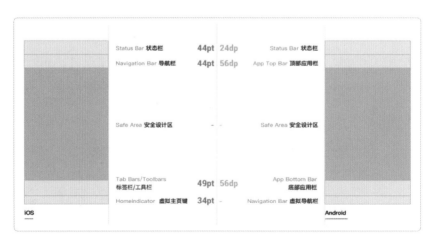

图 1-24

5 **间距规范**

在设计 App 的间距时，8 的倍数和 10 的倍数的尺寸常被使用，如图 1-25 所示。例如在 iOS 设备中，以 @2x 为基准，常见的边距有 20px、24px、30px、32px、40px 及 50px。而 4 的倍数的尺寸则可以用于较亲密的元素之间。

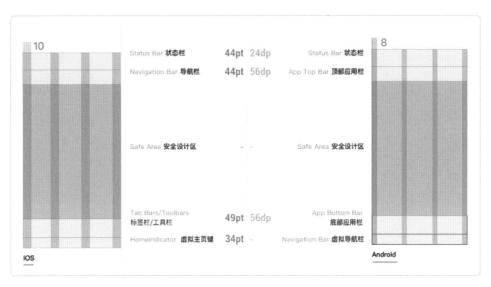

图 1-25

6 **文字规范**

（1）系统字体

● iOS

旧金山字体：旧金山字体是非衬线字体，如图 1-26 所示，它有 SF UI Text（文本模式）和 SF UI Display（展示模式）两种尺寸模式。SF UI Text 适用于小于等于 19pt 的文字，SF UI Display 适用于大于等于 20pt 的文字。

纽约字体：纽约字体是衬线字体，如图 1-27 所示，该字体旨在补充旧金山字体。对于小于 20pt 的文本使用小号，对于 20 ~ 35pt 的文本使用中号，对于 36 ~ 53pt 的文本使用大号，对于 54pt 或更大的文本使用特大号。

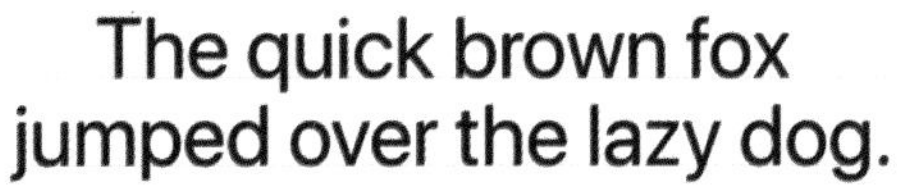

The quick brown fox
jumped over the lazy dog.

图 1-26

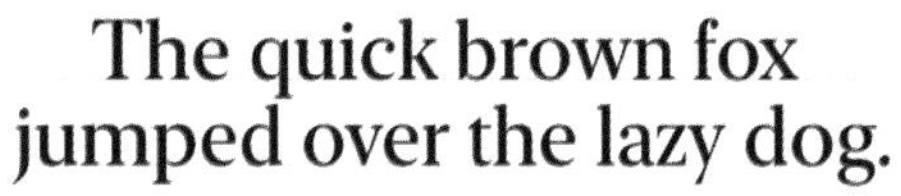

The quick brown fox
jumped over the lazy dog.

图 1-27

苹方：在 iOS 中，中文使用的是苹方字体，该字体共有 6 个字重，如图 1-28 所示。

极细纤细细体正常中黑中粗
UILiThinLightRegMedSmBd

图 1-28

● Android 系统

Roboto：在 Android 系统中，英文使用的是 Roboto 字体，该字体共有 6 个字重，如图 1-29 所示。

思源黑体：在 Android 系统中，中文使用的是思源黑体字体，该字体又被称为"Source Han Sans"或"Noto"，共有 7 个字重，如图 1-29 所示。

Roboto Thin	思源黑体 Extralight
Roboto Light	思源黑体 Light
Roboto Regular	思源黑体 Normal
Roboto Medium	思源黑体 Regular
Roboto Bold	思源黑体 Medium
Roboto Black	思源黑体 Bold
	思源黑体 Heavy

图 1-29

（2）字体大小

iOS 和 Material Design 提供的字号参考并不完全适用于中文，因为在相同字号下，中文比西文大。例如 iOS 官方规范中建议正文字号为 17pt，如图 1-30 所示，但使用中文时 14pt 和 12pt 更加合适。为了区分标题和正文，字体大小差异应至少保持在 2pt 及以上。西文行高通常为 1.3 ~ 1.5 倍，中文行高通常为 1.5 ~ 2 倍。

iOS对于字体大小的建议

位置	字体	字重	字号（逻辑像素）	字号（实际像素）	行距	字间距
大标题	San Francisco（简称"SF"）	Regular	34pt	68px	41	+11
标题一	San Francisco（简称"SF"）	Regular	28pt	56px	34	+13
标题二	San Francisco（简称"SF"）	Regular	22pt	44px	28	+16
标题三	San Francisco（简称"SF"）	Regular	20pt	40px	25	+19
头条	San Francisco（简称"SF"）	Semi-Bold	17pt	34px	22	-24
正文	San Francisco（简称"SF"）	Regular	17pt	34px	22	-24
标注	San Francisco（简称"SF"）	Regular	16pt	32px	21	-20
副标题	San Francisco（简称"SF"）	Regular	15pt	30px	20	-16
注解	San Francisco（简称"SF"）	Regular	13pt	26px	18	-6
注释一	San Francisco（简称"SF"）	Regular	12pt	24px	16	0
注释二	San Francisco（简称"SF"）	Regular	11pt	22px	13	+6

图 1-30

7 图标尺寸

（1）应用图标

应用图标即产品图标，主要出现在主屏幕上，如图 1-31 所示。

应用图标的设计尺寸可以采用 1024px×1024px，并根据 iOS 官方模板进行规范，如图 1-32 所示。正确的图标设计稿应是直角矩形，而不是圆角矩形，iOS 会自动应用一个圆角遮罩将图标的 4 个角遮住。

图 1-31

图 1-32

由于屏幕分辨率的差异和使用场景的不同，iOS官方的图标模板中有非常多的图标尺寸。我们只需要设计1024 px×1024px的图标，然后将这个图标置入Photoshop的智能对象中，或者置入Sketch的Symbol中，就可以一次性生成所有尺寸的图标，如图1-33所示。

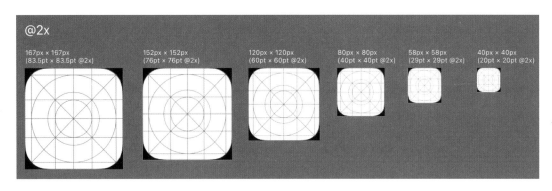

图1-33

（2）功能图标

功能图标即系统图标，是通过简洁、现代的图形表示一些常见功能的图标，如图1-34所示，主要应用于导航栏、工具栏以及标签栏等模块。

图1-34

创建功能图标时，可以参考Material Design，以24dp×24dp的尺寸为基准。图标应该留出一定的边距，以保证不同面积的图标在应用时有协调一致的视觉效果，如图1-35所示。

不同形状的图标可以根据正方形、圆形、垂直矩形及水平矩形这一套网格系统来进行尺寸规范，如图1-36和图1-37所示。

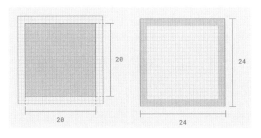

图1-35

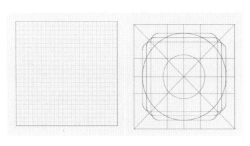

图1-36

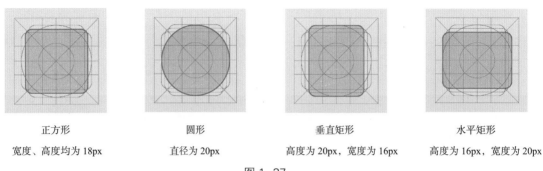

正方形	圆形	垂直矩形	水平矩形
宽度、高度均为18px	直径为20px	高度为20px，宽度为16px	高度为16px，宽度为20px

图 1-37

由于屏幕分辨率的差异和使用场景的不同，图标的尺寸也有所不同。在 iOS 下，图标尺寸通常是在 48px 的基础上，进行 4 倍数的加减变化；而在 Android 系统下，图标尺寸通常是在 48px 的基础上，进行 8 倍数的加减变化，如图 1-38 所示。具体的设计尺寸将在项目 4 中进行详细讲解。

⑧ 图片比例

图片通常需要按照固定的比例进行设计，并应用于特定环境，例如 1:1 的图片通常会作为头像使用。图 1-39 所示为整理好的图片常用比例及其应用，方便大家进行后续设计。

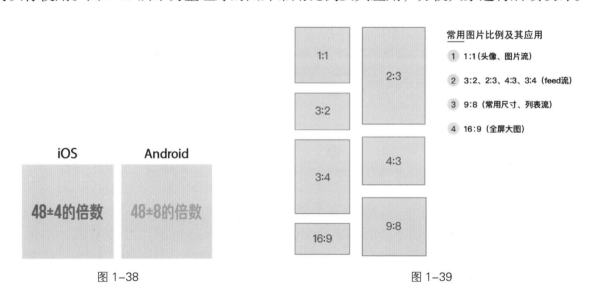

常用图片比例及其应用

① 1:1（头像、图片流）
② 3:2、2:3、4:3、3:4（feed流）
③ 9:8（常用尺寸、列表流）
④ 16:9（全屏大图）

图 1-38   图 1-39

1.4.3 任务实施

（1）启动浏览器，打开优设网官网首页，如图 1-40（a）所示。在搜索框中输入关键词"UI 设计规范"，单击右侧的"搜索"按钮或按 Enter 键，进入搜索结果页面，选择"文章"类别，即可检索到有关 UI 设计规范的大量文章，如图 1-40（b）所示。

（2）单击这些文章，进入详细信息页面，如图 1-41 所示。阅读这些与 UI 设计规范相关的文章，掌握 UI 设计的规范与规则。

（a）优设网官网首页

（b）UI设计规范的文章页面

图 1-40

图 1-41

项目2

设计趣味的图标——UI图标设计

　　图标设计是UI设计中重要的组成部分，可以帮助用户更好地理解产品的功能，是打造产品用户体验的关键环节。本项目对UI设计中常用的线性图标、面性图标及线面图标的设计进行系统的知识讲解与实操演练。通过本项目的学习，读者将对UI图标设计有一个系统的认识，并掌握绘制UI图标的规范和方法。

学习引导

知识目标

- 掌握线性图标的风格特点
- 掌握面性图标的风格特点
- 掌握线面图标的风格特点

能力目标

- 掌握线性图标的制作方法
- 掌握面性图标的制作方法
- 掌握线面图标的制作方法

实训项目

- 设计旅游类 App 线性图标
- 设计旅游类 App 面性图标
- 设计旅游类 App 线面图标

素养目标

- 培养良好的设计习惯
- 培养对 UI 图标的鉴赏能力

相关知识：UI图标的风格类型

　　扁平化风格自 2013 年 iOS 7 推出后成为 UI 图标的主流设计风格。扁平化风格的图标主要由线性图标、面性图标和线面图标组成。

　　线性图标即用统一的线条绘制的图标，如图 2-1 所示。这类图标具有形象简洁、设计轻盈的特点，会呈现出干净的视觉效果。

　　面性图标是对线性图标进行填充的图标，如图 2-2 所示。这类图标由于占用的视觉面积要比线性图标多，所以具有饱满、突出的视觉特点，能够帮助用户快速定位图标。

　　线面图标是线性图标和面性图标的结合物，如图 2-3 所示。这类图标兼具线性图标和面性图标的优势，具有生动有趣、俏皮可爱的特点。

图 2-1　　　　　　　　　图 2-2　　　　　　　　　图 2-3

任务 2.1　设计旅游类 App 线性图标

微课

设计旅游类 App
线性图标

2.1.1　任务引入

　　本任务要求读者使用 Illustrator 绘制旅游类 App 标签栏中的"行程"图标，从而掌握线性图标的设计要点与制作方法。

2.1.2　设计理念

　　在设计时，选用"日历"作为创作元素，形象地表达行程之意；图标选择灰色和橙色两种颜色，可以更好地区别选中与未选中状态。同时橙色能够体现旅游时的欢快情绪，契合旅游类 App 的主题。最终效果参看"云盘 /Ch02/ 任务 2.1 设计旅游类 App 线性图标 / 效果 / 任务 2.1 设计旅游类 App 线性图标 .ai"，如图 2-4 和图 2-5 所示。

图 2-4

图 2-5

2.1.3　任务知识

使用"变换"控制面板调整基础图形；使用"变换"命令与"变换效果"对话框进行快速复制，如图 2-6 所示；使用"扩展外观"命令扩展图形外观。

图 2-6

2.1.4　任务实施

（1）打开 Illustrator，按 Ctrl+N 组合键，弹出"新建文档"对话框，设置宽度为 24px、高度为 24px、取向为横向、颜色模式为 RGB、分辨率为 72 像素 / 英寸，单击"创建"按钮，新建一个文件。

（2）选择"编辑 > 首选项 > 常规"命令，弹出"首选项"对话框，将"键盘增量"选项设置为 1px，如图 2-7 所示。选择"单位"选项，切换到相应的界面中进行设置，如图 2-8 所示。

图 2-7　　　　　　　　　　　　　　　　　　图 2-8

（3）选择"参考线和网格"选项，切换到相应的界面，将"网格线间隔"选项设置为1px，如图2-9所示，单击"确定"按钮。

图2-9

（4）选择"视图 > 显示网格"命令，显示网格。选择"视图 > 对齐网格"命令，对齐网格。选择"视图 > 对齐像素"命令，对齐像素。

（5）选择"文件 > 打开"命令，弹出"打开"对话框，选择云盘中的"Ch02 > 任务 2.1 设计旅游类 App 线性图标 > 素材 > 01"文件，单击"打开"按钮，效果如图2-10所示。

（6）选择"选择"工具▶，选择网格系统，按 Ctrl+C 组合键复制网格系统。返回到正在编辑的页面，按 Ctrl+V 组合键，将其粘贴到当前页面中，再将其拖曳到适当的位置，效果如图2-11所示。

（7）选择"圆角矩形"工具◻，在页面中单击，弹出"圆角矩形"对话框，具体设置如图2-12所示。单击"确定"按钮，得到一个圆角矩形。设置描边色的 RGB 值为（153、153、153），为圆角矩形填充描边，并设置填充色为无，效果如图2-13所示。

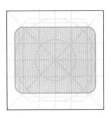
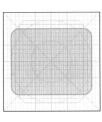

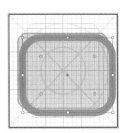

图2-10　　　　　　　图2-11　　　　　　　图2-12　　　　　　　图2-13

（8）选择"窗口 > 描边"命令，弹出"描边"控制面板，将"粗细"选项设置为1.5px，将"对齐描边"选项设置为"使描边内侧对齐"，其他选项的设置如图2-14所示，效果如图2-15所示。

图 2-14

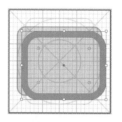

图 2-15

（9）选择"窗口 > 变换"命令，弹出"变换"控制面板，将"X"选项设置为 12px，将"Y"选项设置为 12px，其他选项的设置如图 2-16 所示。按 Enter 键确定操作，效果如图 2-17 所示。

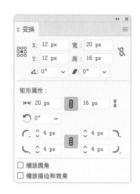

图 2-16

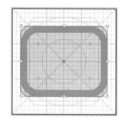

图 2-17

（10）选择"直线段"工具 ，在页面中单击，弹出"直线段工具选项"对话框，具体设置如图 2-18 所示。单击"确定"按钮，得到一条竖线，在属性栏中将"描边粗细"选项设置为 1.5px。按 Enter 键确定操作，效果如图 2-19 所示。

图 2-18

图 2-19

（11）在"变换"控制面板中，将"X"选项设置为 8px，将"Y"选项设置为 5px，其他选项的设置如图 2-20 所示。按 Enter 键确定操作，效果如图 2-21 所示。

图 2-20

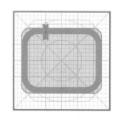

图 2-21

（12）保持竖线处于选择状态，选择"效果 > 扭曲和变换 > 变换"命令，弹出"变换效果"对话框，在"移动"选项组中将"水平"选项设置为4px，将"副本"选项设置为2，其他选项的设置如图2-22所示。单击"确定"按钮，效果如图2-23所示。选择"对象 > 扩展外观"命令，扩展图形的外观，效果如图2-24所示。

图2-22

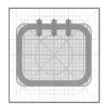

图2-23　　　　　图2-24

（13）选择"直线段"工具，在页面中单击，弹出"直线段工具选项"对话框，具体设置如图2-25所示。单击"确定"按钮，得到一条横线，在属性栏中将"描边粗细"选项设置为1.5px。按Enter键确定操作，效果如图2-26所示。

图2-25

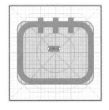

图2-26

（14）在"变换"控制面板中，将"X"选项设置为7.5px，将"Y"选项设置为10px，其他选项的设置如图2-27所示。按Enter键确定操作，效果如图2-28所示。

图2-27

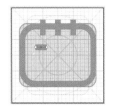

图2-28

（15）保持横线处于选择状态，选择"效果 > 扭曲和变换 > 变换"命令，弹出"变换效果"对话框，将"移动"选项组中的"水平"选项设置为4.5px，将"副本"选项设置为2，其他选项的设置如图2-29所示。单击"确定"按钮，效果如图2-30所示。

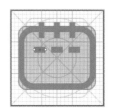

图2-29   图2-30

（16）保持横线处于被选择状态，选择"效果 > 扭曲和变换 > 变换"命令，弹出图2-31所示的对话框。单击"应用新效果"按钮，弹出"变换效果"对话框，将"移动"选项组中的"垂直"选项设置为3px，将"副本"选项设置为2，其他选项的设置如图2-32所示。单击"确定"按钮，效果如图2-33所示。

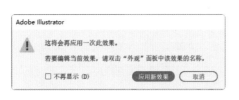

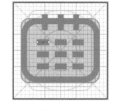

图2-31   图2-32   图2-33

（17）选择"对象 > 扩展外观"命令，扩展图形的外观，效果如图2-34所示。选择"选择"工具 ▶，用框选的方法将图标和网格系统同时选中，如图2-35所示。按住 Shift 键的同时，单击网格系统将其取消选中，效果如图2-36所示。

（18）选择"对象 > 路径 > 轮廓化描边"命令，创建对象的描边轮廓，效果如图2-37所示。选择"窗口 > 路径查找器"命令，弹出"路径查找器"控制面板，单击"联集"按钮 ◼，如图2-38所示，生成新的对象，效果如图2-39所示。旅游类 App 线性图标（未选中状态）制作完成。

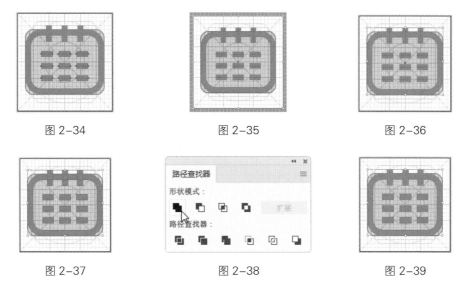

图2-34   图2-35   图2-36

图2-37   图2-38   图2-39

（19）选择"画板"工具，按住 Alt+Shift 组合键的同时，将"画板1"垂直向下拖曳到适当的位置，将生成新的画板"画板1副本"，如图 2-40 所示。选择"选择"工具，选取"画板1副本"中的图标，设置填充色的 RGB 值为（255、151、1），效果如图 2-41 所示。

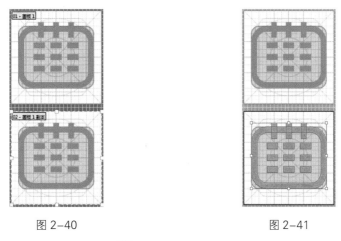

图2-40   图2-41

（20）选择"圆角矩形"工具，在页面中单击，弹出"圆角矩形"对话框，具体设置如图 2-42 所示。单击"确定"按钮，得到一个圆角矩形。设置填充色的 RGB 值为（255、151、1），填充圆角矩形，并设置描边色为无，效果如图 2-43 所示。

图2-42

图2-43

（21）在"变换"控制面板中，将"X"选项设置为12px，将"Y"选项设置为38px，其他选项的设置如图2-44所示。按Enter键确定操作，效果如图2-45所示。

图2-44　　　　　　　　　　　　　图2-45

（22）选择"窗口>透明度"命令，弹出"透明度"控制面板，将"不透明度"选项设置为30%，其他选项的设置如图2-46所示。在圆角矩形上单击鼠标右键，在弹出的快捷菜单中选择"排列>后移一层"命令，如图2-47所示。将圆角矩形后移一层，效果如图2-48所示。旅游类App线性图标（选中状态）制作完成。

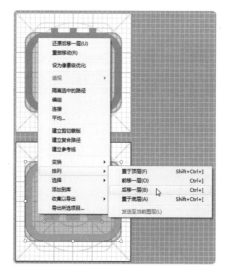

图2-46　　　　　　　　　　图2-47　　　　　　　　　　图2-48

任务 2.2　设计旅游类 App 面性图标

微课

设计旅游类App
面性图标

2.2.1　任务引入

本任务要求读者使用Photoshop绘制旅游类App金刚区中的"酒店"图标，从而掌握面性图标的设计要点与制作方法。

2.2.2   设计理念

在设计时，选用"高楼"作为创作元素，形象地表达酒店之意；图标选择红橙渐变色，能够给人温暖的感觉。最终效果参看"云盘 /Ch02/ 任务 2.2 设计旅游类 App 面性图标 / 效果 / 任务 2.2 设计旅游类 App 面性图标 .psd"，如图 2-49 和图 2-50 所示。

图 2-49   图 2-50

2.2.3   任务知识

使用"圆角矩形"工具 □、"属性"面板和"合并形状"命令绘制基础图形，使用"渐变"工具 ■ 为图标添加渐变颜色，使用"不透明度"选项调整图标的不透明度。"渐变"工具的属性栏如图 2-51 所示。

图 2-51

2.2.4   任务实施

（1）打开 Illustrator，按 Ctrl+N 组合键，弹出"新建文档"对话框，将宽度设置为 96 像素，高度设置为 96 像素，分辨率设置为 72 像素 / 英寸，背景内容设置为白色，如图 2-52 所示。单击"创建"按钮，完成文档的新建。

（2）选择"文件 > 置入嵌入对象"命令，弹出"置入嵌入的对象"对话框。选择云盘中的"Ch02 > 制作旅游类 App 面性图标 > 素材 > 01"文件，单击"置入"按钮，"图层"控制面板中将生成新的图层，将其重命名为"网格"。按 Enter 键确定操作，效果如图 2-53 所示。

（3）选择"圆角矩形"工具 □，在属性栏的"选择工具模式"选项中选择"形状"，将"填充"颜色的 RGB 值设置为（255、74、67），将"描边"颜色设置为无，将"半径"选项设置为 6 像素。在图像窗口中适当的位置绘制一个圆角矩形，效果如图 2-54 所示，"图层"控制面板中将生成新的形状图层"圆角矩形 1"。选择"窗口 > 属性"命令，弹出"属性"面板，各选项的设置如图 2-55 所示。按 Enter 键确定操作，效果如图 2-56 所示。

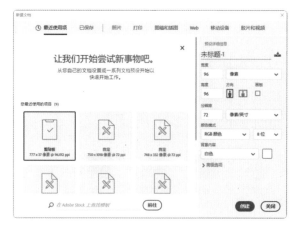

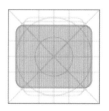

图 2-52   图 2-53

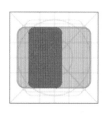

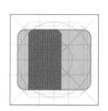

图 2-54   图 2-55   图 2-56

（4）在属性栏中将"半径"选项设置为 3 像素。按住 Shift 键的同时，在图像窗口中适当的位置再次绘制一个圆角矩形。在"属性"面板中进行设置，如图 2-57 所示。按 Enter 键确定操作，效果如图 2-58 所示。

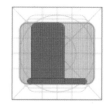

图 2-57   图 2-58

（5）单击"图层"控制面板下方的"添加图层样式"按钮 *fx*，在弹出的菜单中选择"渐变叠加"命令，弹出"图层样式"对话框。单击"渐变"选项右侧的"点按可编辑渐变"按钮，弹出"渐变编辑器"对话框，设置 3 个色标，它们的"位置"选项分别为 0、50、100，设置 3 个色标颜色的 RGB 值分别为 0（249、40、37）、50（248、84、53）、100（245、127、54），如图 2-59 所示。单击"确定"按钮，返回到"图层样式"对话框，其他选项的设置如图 2-60 所示。单击"确定"按钮，效果如图 2-61 所示。

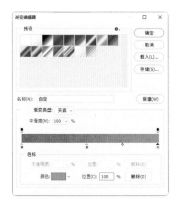
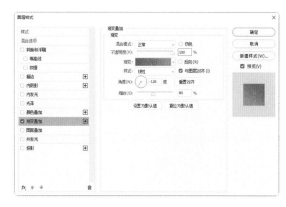

图 2-59　　　　　　　　　　　　　　　　图 2-60

（6）选择"圆角矩形"工具 □，在图像窗口中适当的位置绘制一个圆角矩形，如图 2-62 所示，"图层"控制面板中将生成新的形状图层"圆角矩形 2"。在"属性"面板中进行设置，如图 2-63 所示。按 Enter 确定操作，效果如图 2-64 所示。

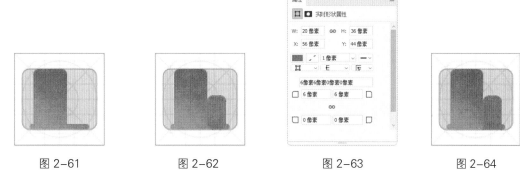

图 2-61　　　　　　图 2-62　　　　　　图 2-63　　　　　　图 2-64

（7）单击"图层"控制面板下方的"添加图层样式"按钮 fx，在弹出的菜单中选择"渐变叠加"命令，弹出"图层样式"对话框。单击"渐变"选项右侧的"点按可编辑渐变"按钮 ▬▬▬▬ ，弹出"渐变编辑器"对话框，设置两个色标的"位置"选项分别为 50、100，设置两个色标颜色的 RGB 值分别为 50（249、68、48）、100（248、83、53），如图 2-65 所示。单击"确定"按钮，返回到"图层样式"对话框，其他选项的设置如图 2-66 所示。单击"确定"按钮，效果如图 2-67 所示。

图 2-65　　　　　　　　　　　　　　　　图 2-66

（8）在"图层"控制面板中选中"圆角矩形1"图层，将其拖曳到"圆角矩形2"图层的上方，如图2-68所示，效果如图2-69所示。

图2-67　　　　　　　　图2-68　　　　　　　　图2-69

（9）选择"圆角矩形"工具 ，在属性栏中将"半径"选项设置为2像素。在图像窗口中适当的位置绘制一个圆角矩形，"图层"控制面板中将生成新的形状图层"圆角矩形3"，在属性栏中将"填充"颜色设置为白色，将"描边"颜色设置为无。在"属性"控制面板中进行设置，如图2-70所示。按Enter键确定操作，效果如图2-71所示。在"图层"控制面板中将"圆角矩形3"图层的"不透明度"选项设置为40%，如图2-72所示，效果如图2-73所示。

图2-70　　　　　　　图2-71　　　　　　　图2-72　　　　　　　图2-73

（10）选择"路径选择"工具 ，按住Alt+Shift组合键的同时选中圆角矩形，在图像窗口中将其垂直向下拖曳，复制圆角矩形。在"属性"面板中进行设置，如图2-74所示。按Enter键确定操作，效果如图2-75所示。使用相同的方法再次复制一个圆角矩形，在"属性"面板中进行设置，如图2-76所示。按Enter键确定操作，效果如图2-77所示。

图2-74　　　　　　　图2-75　　　　　　　图2-76　　　　　　　图2-77

（11）选择"圆角矩形"工具 ◻️.，按住 Shift 键的同时，在图像窗口中适当的位置绘制一个圆角矩形，在"属性"面板中进行设置，如图 2-78 所示。按 Enter 键确定操作，效果如图 2-79 所示。

图 2-78   图 2-79

（12）选择"路径选择"工具 ▸.，按住 Alt+Shift 组合键的同时选中圆角矩形，在图像窗口中将其垂直向下拖曳，对其进行复制。在"属性"面板中进行设置，如图 2-80 所示，按 Enter 键确定操作，效果如图 2-81 所示。使用相同的方法再次复制一个圆角矩形，在"属性"控制面板中进行设置，如图 2-82 所示。按 Enter 键确定操作，效果如图 2-83 所示。

图 2-80   图 2-81   图 2-82   图 2-83

（13）单击"网格"图层左侧的眼睛图标 👁️，隐藏"网格"图层，如图 2-84 所示，最终效果如图 2-85 所示。旅游类 App 面性图标绘制完成。

图 2-84   图 2-85

任务 2.3   设计旅游类 App 线面图标

微课

设计旅游类 App
线面图标

2.3.1   任务引入

本任务要求读者使用 Illustrator 绘制旅游类 App 标签栏中的"攻略"图标，从而掌握线面图标的设计要点与制作方法。

2.3.2   设计理念

在设计时，选用"星球"作为创作元素，有浩瀚旅途之意，别具创意；图标选择灰色和橙色两种颜色，可以更好地区分选中与未选中状态。最终效果参看"云盘 /Ch02/ 任务 2.3 设计旅游类 App 线面图标 / 效果 / 任务 2.3 设计旅游类 App 线面图标 .ai"，如图 2-86 和图 2-87 所示。

图 2-86

图 2-87

2.3.3   任务知识

使用"属性"面板调整基础图形，使用"扩展外观"命令扩展图形外观。未选中对象时和选中单个对象、多个对象时的"属性"控制面板如图 2-88 所示。

（a）未选择对象的"属性"控制面板

（b）选择单个对象的"属性"控制面板

（c）选择多个对象的"属性"控制面板

图 2-88

2.3.4　任务实施

（1）打开 Illustrator，按 Ctrl+N 组合键，弹出"新建文档"对话框，设置宽度为24px、高度为24px、取向为横向、颜色模式为RGB、分辨率为72像素/英寸，单击"创建"按钮，新建一个文件。

（2）选择"编辑 > 首选项 > 常规"命令，弹出"首选项"对话框，将"键盘增量"选项设置为1px，如图2-89所示。选择"单位"选项，切换到相应的界面中进行设置，如图2-90所示。

图 2-89　　　　　　　　　　　　　　　　　　图 2-90

（3）选择"参考线和网格"选项，切换到相应的界面，将"网格线间隔"选项设置为1px，如图2-91所示，单击"确定"按钮。

图 2-91

（4）选择"视图 > 显示网格"命令，显示网格。选择"视图 > 对齐网格"命令，对齐网格。选择"视图 > 对齐像素"命令，对齐像素。

（5）选择"文件 > 打开"命令，弹出"打开"对话框，选择云盘中的"Ch02 > 制作旅游类 App 线面图标 > 素材 > 01"文件，单击"打开"按钮，效果如图 2-92 所示。

（6）选择"选择"工具 ▶ ，选择网格系统，按 Ctrl+C 组合键复制网格系统。返回到正在编辑的页面，按 Ctrl+V 组合键，将其粘贴到当前页面中，再将其拖曳到适当的位置，效果如图 2-93 所示。

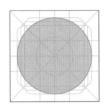 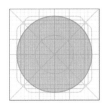

图 2-92 　　　　　　　　　　　图 2-93

（7）选择"椭圆"工具 ⬭ ，在页面中单击，弹出"椭圆"对话框，具体设置如图 2-94 所示。单击"确定"按钮，得到一个圆形。设置填充色的 RGB 值为（255、151、1），填充圆形，并设置描边色为无，效果如图 2-95 所示。

（8）选择"窗口 > 变换"命令，弹出"变换"控制面板，将"X"选项设置为 12px，将"Y"选项设置为 12px，其他选项的设置如图 2-96 所示。按 Enter 键确定操作，效果如图 2-97 所示。

   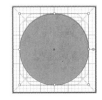

图 2-94 　　　　　　图 2-95 　　　　　　图 2-96 　　　　　　图 2-97

（9）选择"窗口 > 透明度"命令，弹出"透明度"控制面板，将"不透明度"选项设置为 30%，其他选项的设置如图 2-98 所示。按 Enter 键确定操作，效果如图 2-99 所示。

 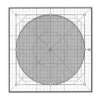

图 2-98 　　　　　　　　　　　图 2-99

（10）保持圆形处于被选择状态，按 Ctrl+C 组合键复制圆形，按 Ctrl+F 组合键原位粘贴圆形，效果如图 2-100 所示。设置描边色的 RGB 值为（255、151、1），填充描边，并设置填充色为无。在"透明度"控制面板中将"不透明度"选项设置为 100%，其他选项的设置如图 2-101 所示，效果如图 2-102 所示。

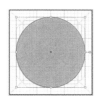

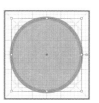

图 2-100　　　　　　　　　　　图 2-101　　　　　　　　　　　图 2-102

（11）选择"窗口＞描边"命令，弹出"描边"控制面板，将"粗细"选项设置为1.5px，将"对齐描边"选项设置为"使描边内侧对齐"，其他选项的设置如图 2-103 所示，效果如图 2-104 所示。

图 2-103　　　　　　　　　　　　　　　图 2-104

（12）选择"椭圆"工具 ，在页面中单击，弹出"椭圆"对话框，具体设置如图 2-105 所示。单击"确定"按钮，得到一个椭圆形。在"描边"控制面板中将"粗细"选项设置为1.5pt，将"对齐描边"选项设置为"使描边居中对齐"，其他选项的设置如图 2-106 所示，效果如图 2-107 所示。

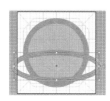

图 2-105　　　　　　　　　　　图 2-106　　　　　　　　　　　图 2-107

（13）在"变换"控制面板中，将"X"选项设置为12px，将"Y"选项设置为12px，其他选项的设置如图 2-108 所示。按 Enter 键确定操作，效果如图 2-109 所示。

（14）选择"对象＞变换＞旋转"命令，弹出"旋转"对话框，具体设置如图 2-110 所示。单击"确定"按钮，效果如图 2-111 所示。

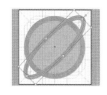

图 2-108　　　　　　　图 2-109　　　　　　　图 2-110　　　　　　　图 2-111

（15）选择"剪刀"工具 ✂，在路径上单击，添加一个锚点。在"属性"控制面板中，设置"X"选项为16px、"Y"选项为3.775px，如图2-112所示，效果如图2-113所示。使用相同的方法再次添加一个锚点，在"属性"控制面板中设置"X"选项为3.775px、"Y"选项为16px，如图2-114所示，效果如图2-115所示。

图2-112　　　　　　图2-113　　　　　　图2-114　　　　　　图2-115

（16）选择"选择"工具 ▶，单击被剪切的路径将其选中，如图2-116所示。按Delete键将其删除，效果如图2-117所示。

（17）按住Shift键的同时，分别单击需要的图形，将它们同时选中，如图2-118所示。选择"对象＞路径＞轮廓化描边"命令，创建对象的描边轮廓，效果如图2-119所示。

图2-116　　　　　　图2-117　　　　　　图2-118　　　　　　图2-119

（18）选择"窗口＞路径查找器"命令，弹出"路径查找器"控制面板，单击"联集"按钮 ▪，如图2-120所示，生成新的对象，效果如图2-121所示。

图2-120　　　　　　　　　　图2-121

（19）选择"椭圆"工具 ⬭，在页面中单击，弹出"椭圆"对话框，具体设置如图2-122所示。单击"确定"按钮，得到一个圆形。设置填充色的RBG值为（255、151、1），填充圆形，并设置描边色为无。在"变换"控制面板中将"X"选项设置为8px，将"Y"选项设置为13px，其他选项的设置如图2-123所示。按Enter键确定操作，效果如图2-124所示。

（20）使用相同的方法，在页面中单击，弹出"椭圆"对话框，选项的设置如图2-125所示。单击"确定"按钮，得到一个圆形。在"变换"控制面板中将"X"选项设置为15px，将"Y"选项设置为8px，其他选项的设置如图2-126所示。按Enter键确定操作，效果如图2-127所示。

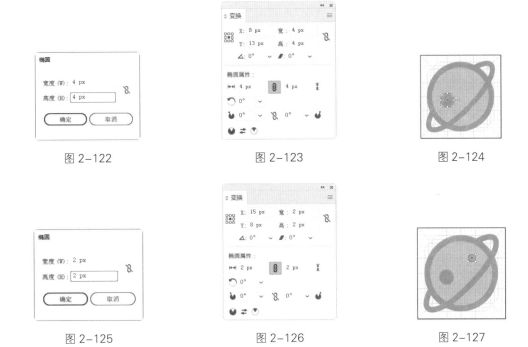

图 2-122   图 2-123   图 2-124

图 2-125   图 2-126   图 2-127

（21）保持圆形处于选择状态，选择"选择"工具 ▶，按住 Alt 键的同时将圆形向下拖曳到适当的位置，复制圆形。在"变换"控制面板中将"X"选项设置为 17px，将"Y"选项设置为 16px，其他选项的设置如图 2-128 所示。按 Enter 键确定操作，效果如图 2-129 所示。旅游类 App 线面图标（选中状态）制作完成。

图 2-128   图 2-129

（22）选择"画板"工具 ，按住 Alt+Shift 组合键的同时，将"画板 1"垂直向下拖曳到适当的位置，将生成新的画板"画板 1 副本"，如图 2-130 所示。选择"选择"工具 ▶，选中"画板 1 副本"中不需要的圆形，如图 2-131 所示，按 Delete 键将其删除，效果如图 2-132 所示。

图 2-130   图 2-131   图 2-132

（23）用框选的方法将图标和网格系统同时选中，如图 2-133 所示。按住 Shift 键的同时，单击网格系统将其取消选中，效果如图 2-134 所示。设置填充色的 RGB 值为（153、153、153），填充图形，效果如图 2-135 所示。旅游类 App 线面图标（未选中状态）制作完成。

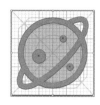　　

图 2-133　　　　　　　　图 2-134　　　　　　　　图 2-135

任务 2.4　项目演练——设计电商类 App 线性图标

2.4.1　任务引入

微课

设计电商类 App
线性图标

本任务要求读者使用 Illustrator 绘制电商类 App 标签栏中的"购物车"图标，从而掌握线性图标的设计要点与制作方法。

2.4.2　设计理念

在设计时，选用"购物袋"作为创作元素，形象地表达购物之意；图标选择灰色和茶色两种颜色，可以更好地区分未选中与选中状态。最终效果参看"云盘 /Ch02/ 任务 2.4 设计电商类 App 线性图标 / 效果 / 任务 2.4 设计电商类 App 线性图标 .ai"，如图 2-136 和图 2-137 所示。

图 2-136　　　　　　　　　　　图 2-137

任务 2.5　项目演练——设计餐饮类 App 面性图标

2.5.1　任务引入

微课

设计餐饮类 App
面性图标

本任务要求读者使用 Illustrator 绘制餐饮类 App 标签栏中的"订单"图标，从而掌握面性图标的设计要点与制作方法。

2.5.2 设计理念

在设计时，选用"消费小票"作为创作元素，形象地表达订单之意；图标选择橘红渐变色和灰色两种颜色，可以更好地区分选中与未选中状态。最终效果参看"云盘 /Ch02/ 任务 2.5 设计餐饮类 App 面性图标 / 效果 / 任务 2.5 设计餐饮类 App 面性图标 .ai"，如图 2-138 和图 2-139 所示。

图 2-138

图 2-139

项目3

制作别致的控件——UI控件设计

03

　　UI控件设计是UI组件设计的基础。通过控件，设计师不仅能够实现模块化设计，还能够提高工作效率。本项目对按钮控件、选择控件、加减控件、分段控件、页面控件、反馈控件以及文本框控件等常用控件的设计进行系统的知识讲解与实操演练。通过本项目的学习，读者将对UI控件设计有一个系统的认识，并掌握绘制UI控件的规范和方法。

学习引导

知识目标

- 了解 UI 控件的基本概念
- 明确 UI 控件的获取方法

能力目标

- 了解 UI 控件的设计思路
- 掌握 UI 控件的制作方法

实训项目

- 设计旅游类 App 按钮控件
- 设计旅游类 App 选择控件
- 设计旅游类 App 加减控件
- 设计旅游类 App 分段控件
- 设计旅游类 App 页面控件
- 设计旅游类 App 反馈控件
- 设计旅游类 App 文本框控件

素养目标

- 培养设计规范意识
- 拓宽对 UI 控件的设计思路

相关知识：UI 控件的基础知识

1 控件的概念

控件是用来实现控制的元件，它是必不可少的界面元素，也是构建组件和界面的基本单位，具有可操作、可控制的特性，如图 3-1 所示。设计正确的控件是让用户自然、有效地使用功能的基本前提。

图 3-1

2 控件的获取

控件可以从 Apple 及 Material Design 官方网站获取，如图 3-2 和图 3-3 所示。UI 设计师通常会在官方控件的基础上进行优化设计，以便自己使用。

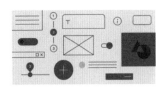

图 3-2   图 3-3

任务 3.1 设计旅游类 App 按钮控件

微课

设计旅游类 App
按钮控件

3.1.1 任务引入

本任务要求读者使用 Photoshop 绘制旅游类 App 按钮控件，从而掌握按钮控件的设计要点与制作方法。

3.1.2 设计理念

在设计时，采用形象饱满的面性按钮，可令其视觉效果更加突出；选择橙色作为按钮底色，文字为白色，使按钮的功能十分醒目。最终效果参看"云盘 /Ch03/ 任务 3.1 设计旅游类 App 按钮控件 / 效果 / 任务 3.1 设计旅游类 App 按钮控件 .psd"，如图 3-4 所示。

立即预定

图 3-4

3.1.3 任务知识

使用"圆角矩形"工具 ◻️ 制作按钮控件，使用"横排文字"工具 **T** 输入按钮上的文字。这两种工具的属性面板如图 3-5 所示。

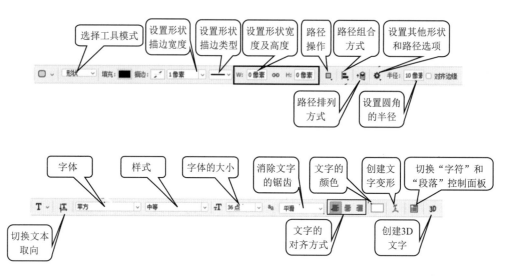

图 3-5

3.1.4 任务实施

（1）打开 Photoshop，按 Ctrl+N 组合键，弹出"新建文档"对话框，将宽度设置为 750 像素，高度设置为 98 像素，分辨率设置为 72 像素 / 英寸，背景内容设置为白色，如图 3-6 所示。单击"创建"按钮，完成文档的新建。

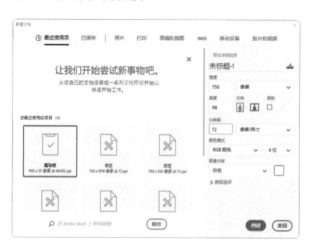

图 3-6

（2）选择"圆角矩形"工具 ◻️，在属性栏的"选择工具模式"选项中选择"形状"，将"填充"颜色的 RGB 值设置为（255、151、1），将"描边"颜色设置为无，将"半径"选项设置为 16 像素。在图像窗口中适当的位置绘制一个圆角矩形，"图层"控制面板中将生成新的形状图层"圆角矩形1"。选择"窗口 > 属性"命令，弹出"属性"面板，各选项的设置如图3-7所示。按Enter键确定操作，效果如图3-8所示。

　　图 3-7　　　　　　　　　　　　　　　图 3-8

（3）选择"横排文字"工具 **T.**，在适当的位置输入需要的文字并选中文字，"图层"控制面板中将生成新的文字图层。选择"窗口 > 字符"命令，弹出"字符"控制面板，将"颜色"设置为白色，其他选项的设置如图3-9所示。按Enter键确定操作，效果如图3-10所示。

　　图 3-9　　　　　　　　　　　　　　　图 3-10

（4）在"图层"控制面板中，按住Shift键的同时单击"圆角矩形1"图层，将需要的图层同时选中。按Ctrl+G组合键，群组图层并将其重命名为"预定按钮"，如图3-11所示。单击"背景"图层左侧的眼睛图标 **◉**，隐藏该图层，如图3-12所示，效果如图3-13所示。旅游类App按钮控件设计完成。

　　图 3-11　　　　　　　　图 3-12　　　　　　　　图 3-13

任务 3.2　设计旅游类 App 选择控件

微课

设计旅游类 App
选择控件

3.2.1　任务引入

本任务要求读者使用 Photoshop 绘制旅游类 App 选择控件，从而掌握选择控件的设计要点与制作方法。

3.2.2　设计理念

在设计时，选用内含对号的双层圆形作为创作元素，形象地表达选择之意；选择橙色作为圆形底色，对号为白色，用户可以清楚地识别是否选择。最终效果参看"云盘/Ch03/任务 3.2 设计旅游类 App 选择控件/效果/任务 3.2 设计旅游类 App 选择控件 .psd"，如图 3-14 所示。

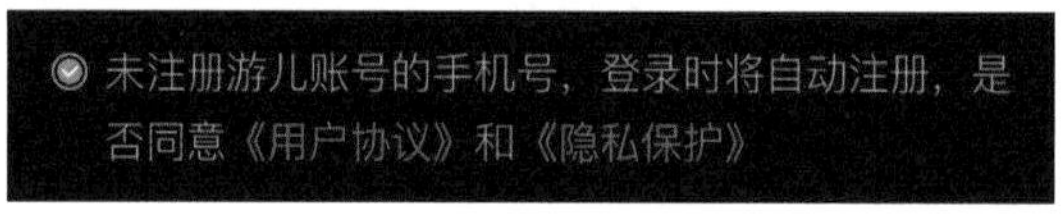

图 3-14

3.2.3　任务知识

使用"圆角矩形"工具、"椭圆"工具和合并图层组合键绘制基础图形，使用变换命令将图标旋转。变换命令菜单如图 3-15 所示。

图 3-15

3.2.4　任务实施

（1）打开 Photoshop，按 Ctrl+N 组合键，弹出"新建文档"对话框，将宽度设置为 750 像素，高度设置为 132 像素，分辨率设置为 72 像素 / 英寸，背景内容设置为黑色，如图 3-16 所示。单击"创建"按钮，完成文档的新建。

图 3-16

（2）选择"视图 > 新建参考线版面"命令，弹出"新建参考线版面"对话框，各选项的设置如图 3-17 所示。单击"确定"按钮，完成参考线版面的创建，效果如图 3-18 所示。

图 3-17

图 3-18

（3）选择"矩形"工具 □，在属性栏的"选择工具模式"选项中选择"形状"，将"填充"颜色的 RGB 值设置为（255、151、1），将"描边"颜色设置为无。按住 Shift 键的同时，在图像窗口中适当的位置绘制一个矩形，"图层"控制面板中将生成新的形状图层"矩形 1"。选择"窗口 > 属性"命令，弹出"属性"面板，在其中进行设置，如图 3-19 所示。按 Enter 键确定操作，效果如图 3-20 所示。

图 3-19

图 3-20

（4）选择"椭圆"工具 ○，在属性栏中将"填充"颜色设置为无，将"描边"颜色设置为白色，将"设置形状描边宽度"选项设置为 2 像素。按住 Shift 键的同时，在图像窗口中适当的位置绘制一个圆形，"图层"控制面板中将生成新的形状图层"椭圆 1"。在"属性"

面板中进行设置，如图 3-21 所示。按 Enter 键确定操作，效果如图 3-22 所示。

图 3-21

图 3-22

（5）将"椭圆 1"图层拖曳到"图层"控制面板下方的"创建新图层"按钮 🖻 上，将生成新的形状图层"椭圆 1 拷贝"。在属性栏中将"填充"颜色设置为无，将"描边"颜色的 RGB 值设置为（255、151、1）。

（6）在"图层"控制面板中选中"椭圆 1"图层，按住 Shift 键的同时单击"矩形 1"图层，将需要的图层同时选中。按 Ctrl+G 组合键，群组图层并将其重命名为"未填充"。单击图层组左侧的眼睛图标 👁，隐藏该图层组。选中"椭圆 1 拷贝"图层，如图 3-23 所示，效果如图 3-24 所示。

图 3-23

图 3-24

（7）将"椭圆 1 拷贝"图层拖曳到"图层"控制面板下方的"创建新图层"按钮 🖻 上，将生成新的形状图层"椭圆 1 拷贝 2"。按 Ctrl+T 组合键，图形周围会出现变换框，按住 Alt+Shift 组合键的同时，拖曳变换框右上角的控制手柄即可等比例缩小图形。按 Enter 键确定操作，效果如图 3-25 所示。

（8）选择"椭圆"工具 ○.，在属性栏中将"填充"颜色的 RGB 值设置为（255、151、1），将"描边"颜色设置为无，在"属性"面板中进行设置，如图 3-26 所示。按 Enter 键确定操作，效果如图 3-27 所示。

（9）选择"圆角矩形"工具 ○.，在属性栏中将"半径"选项设置为 1 像素，在图像窗口中适当的位置绘制一个圆角矩形。"图层"控制面板中将生成新的形状图层"圆角矩形 1"。在属性栏中将"填充"颜色设置为白色，将"描边"颜色设置为无，效果如图 3-28 所示。在"属性"面板中进行设置，如图 3-29 所示。按 Enter 键确定操作，效果如图 3-30 所示。

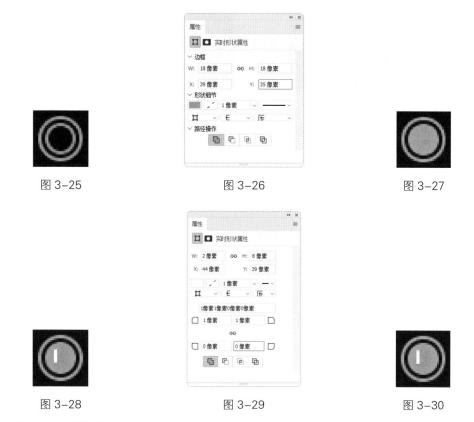

图 3-25　　　　　　　　图 3-26　　　　　　　　图 3-27

图 3-28　　　　　　　　图 3-29　　　　　　　　图 3-30

（10）使用相同的方法再次绘制一个圆角矩形，"图层"控制面板中将生成新的形状图层"圆角矩形 2"，在"属性"面板中进行设置，如图 3-31 所示。按 Enter 键确定操作，效果如图 3-32 所示。

（11）在"图层"控制面板中，按住 Shift 键的同时单击"圆角矩形 1"图层，将需要的图层同时选中，按 Ctrl+E 组合键合并图层，如图 3-33 所示。

图 3-31　　　　　　　　图 3-32　　　　　　　　图 3-33

（12）按 Ctrl+T 组合键，图形周围会出现变换框，如图 3-34 所示。按住 Alt 键的同时，将变换参考点拖曳到适当的位置，如图 3-35 所示。将鼠标指针放在变换框右下角的控制手柄上，鼠标指针变为旋转图标 ↵ 时，按住 Shift 键的同时拖曳鼠标，将图形旋转到 -45°，如图 3-36 所示。按 Enter 键确定操作，效果如图 3-37 所示。

图 3-34　　　　　　图 3-35　　　　　　图 3-36　　　　　　图 3-37

（13）在"图层"控制面板中，按住 Shift 键的同时单击"椭圆 1 拷贝"图层，将需要的图层同时选中。按 Ctrl+G 组合键，群组图层并将其重命名为"已填充"，如图 3-38 所示。

（14）选择"横排文字"工具 T.，在适当的位置输入需要的文字并选中文字，"图层"控制面板中将生成新的文字图层。在"字符"面板中将"颜色"设置为白色，其他选项的设置如图 3-39 所示。按 Enter 键确定操作，效果如图 3-40 所示。

图 3-38　　　　　　　　　　图 3-39　　　　　　　　　　图 3-40

（15）分别选中文字"用户协议"和"隐私保护"，在"字符"面板中将"颜色"的 RGB 值设置为（255、151、1），其他选项的设置如图 3-41 所示。按 Enter 键确定操作，效果如图 3-42 所示。

（16）按住 Shift 键的同时单击"未填充"图层组，将需要的图层组同时选中。按 Ctrl+G 组合键，群组图层组并将其重命名为"选择控件"，如图 3-43 所示。旅游类 App 选择控件设计完成。

图 3-41　　　　　　　　　　图 3-42　　　　　　　　　　图 3-43

任务 3.3 设计旅游类 App 加减控件

微课

设计旅游类 App
加减控件

3.3.1 任务引入

本任务要求读者使用 Photoshop 绘制旅游类 App 加减控件，从而掌握加减控件的设计要点与制作方法。

3.3.2 设计理念

在设计时，采用形象简洁的圆框内的加、减号线性图标，操作直观；控件选择灰色和橙色两种颜色，可以更好地区分未选中和选中状态。最终效果参看"云盘 /Ch03/ 任务 3.3 设计旅游类 App 加减控件 / 效果 / 任务 3.3 设计旅游类 App 加减控件 .psd"，如图 3-44 所示。

图 3-44

3.3.3 任务知识

使用"横排文字"工具 T.输入文字，使用"置入嵌入对象"命令置入图标。选择"置入嵌入对象"命令后弹出的对话框如图 3-45 所示。

图 3-45

3.3.4 任务实施

（1）打开 Photoshop，按 Ctrl+N 组合键，弹出"新建文档"对话框，将宽度设置为 748

像素，高度设置为 332 像素，分辨率设置为 72 像素 / 英寸，背景内容设置为白色，如图 3-46 所示。单击"创建"按钮，完成文档的新建。

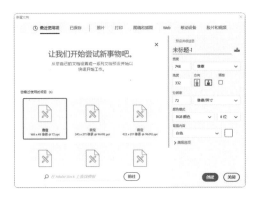

图 3-46

（2）选择"视图 > 新建参考线版面"命令，弹出"新建参考线版面"对话框，各选项的设置如图 3-47 所示。单击"确定"按钮，完成参考线版面的创建，效果如图 3-48 所示。

图 3-47

图 3-48

（3）选择"横排文字"工具 T.，在适当的位置输入需要的文字并选中文字，"图层"控制面板中将生成新的文字图层。选择"窗口 > 字符"命令，弹出"字符"控制面板，将"颜色"的 RGB 值设置为（51、51、51），其他选项的设置如图 3-49 所示。按 Enter 键确定操作，效果如图 3-50 所示。

图 3-49

图 3-50

（4）使用相同的方法，再次在适当的位置分别输入需要的文字并选中文字，"图层"控制面板中将分别生成新的文字图层。在"字符"控制面板中将"颜色"设置为灰色（102、102、102），其他选项的设置如图 3-51 和图 3-52 所示。按 Enter 键确定操作，效果如图 3-53

所示。

图 3-51　　　　　　　　　图 3-52　　　　　　　　　图 3-53

（5）选择"文件 > 置入嵌入对象"命令，弹出"置入嵌入的对象"对话框。选择云盘中的"Ch03 > 任务 3.3 设计旅游类 App 加减控件 > 素材 > 01"文件，单击"置入"按钮，将图标置入图像窗口中，"图层"控制面板中将生成新的图层，将其重命名为"减"。将图标拖曳到适当的位置，按 Enter 键确定操作。使用相同的方法置入"02"文件，"图层"控制面板中将生成新的图层，将其重命名为"加"，如图 3-54 所示，将图标拖曳到适当的位置。按 Enter 键确定操作，效果如图 3-55 所示。

图 3-54　　　　　　　　　　　　　　图 3-55

（6）选择"横排文字"工具 T.，在适当的位置输入需要的文字并选中文字，"图层"控制面板中将生成新的文字图层。在"字符"控制面板中将"颜色"的 RGB 值设置为（51、51、51），其他选项的设置如图 3-56 所示。按 Enter 键确定操作，效果如图 3-57 所示。

图 3-56　　　　　　　　　　　　　　图 3-57

（7）在"图层"控制面板中，按住 Shift 键的同时单击"减"图层，将需要的图层同时选中。按 Ctrl+G 组合键，群组图层并将其重命名为"加减控件"，如图 3-58 所示。

（8）选择"直线"工具 ╱.，在属性栏的"选择工具模式"选项中选择"形状"，将"填充"颜色的 RGB 值设置为（247、247、247），将"描边"颜色设置为无。按住 Shift 键的同时，在适当的位置绘制一条直线段，"图层"控制面板中将生成新的形状图层"形状 1"。在属性栏中将"形状高度"选项设置为 2 像素，效果如图 3-59 所示。

图 3-58　　　　　　　　　　　　　　　　图 3-59

（9）在"图层"控制面板中，按住 Shift 键的同时单击"房间数"文字图层，将需要的图层同时选中。按 Ctrl+G 组合键，群组图层并将其重命名为"房间数"，如图 3-60 所示。

（10）选择"横排文字"工具 T.，在适当的位置输入需要的文字并选中文字，"图层"控制面板中将生成新的文字图层。在"字符"控制面板中将"颜色"的 RGB 值设置为（102、102、102），其他选项的设置如图 3-61 所示。按 Enter 键确定操作，效果如图 3-62 所示。

图 3-60　　　　　　　　　　图 3-61　　　　　　　　　　　　　　图 3-62

（11）再次选择"横排文字"工具 T.，在适当的位置输入需要的文字并选中文字，"图层"控制面板中将生成新的文字图层。在"字符"控制面板中将"颜色"的 RGB 值设置为（204、204、204），其他选项的设置如图 3-63 所示。按 Enter 键确定操作，效果如图 3-64 所示。

图 3-63　　　　　　　　　　　　　　　　图 3-64

（12）选择"文件 > 置入嵌入对象"命令，弹出"置入嵌入的对象"对话框。选择云盘中的"Ch03 > 任务 3.3 设计旅游类 App 加减控件 > 素材 > 03"文件，单击"置入"按钮，将图标置入图像窗口中，"图层"控制面板中将生成新的图层，将其重命名为"住客"，如图 3-65 所示。将图标拖曳到适当的位置，按 Enter 键确定操作，效果如图 3-66 所示。

图 3-65　　　　　　　　　　图 3-66

（13）选择"直线"工具，在属性栏中将"填充"颜色的 RGB 值设置为（247、247、247），将"描边"颜色设置为无，按住 Shift 键的同时，在适当的位置绘制一条直线段，"图层"控制面板中将生成新的形状图层"形状 2"。在属性栏中将"形状高度"选项设置为 2 像素，效果如图 3-67 所示。

（14）在"图层"控制面板中，按住 Shift 键的同时单击"住客姓名"文字图层，将需要的图层同时选中。按 Ctrl+G 组合键，群组图层并将其重命名为"住客姓名"，如图 3-68 所示。

图 3-67　　　　　　　　　　图 3-68

（15）使用上述方法制作"手机号"图层组，如图 3-69 所示，效果如图 3-70 所示。旅游类 App 加减控件设计完成。

图 3-69　　　　　　　　　　图 3-70

任务 3.4　设计旅游类 App 分段控件

微课

设计旅游类 App
分段控件

3.4.1　任务引入

本任务要求读者使用 Photoshop 绘制旅游类 App 分段控件，从而掌握分段控件的设计要点与制作方法。

3.4.2　设计理念

在设计时，采用文字加矩形色块的呈现方式，简洁实用；设置宣传文字字号稍大，细目文字字号稍小，主次分明；细目文字右侧设置一个内含加号的圆形图标，表明有未显示内容；文字和圆形图标颜色统一为黑色，突出整体感。最终效果参看"云盘 /Ch03/ 任务 3.4 设计旅游类 App 分段控件 / 效果 / 任务 3.4 设计旅游类 App 分段控件 .psd"，如图 3-71 所示。

图 3-71

3.4.3　任务知识

使用"矩形"工具□、"椭圆"工具○和"圆角矩形"工具□绘制形状，使用"横排文字"工具 T.输入文字，使用"添加图层蒙版"按钮■和"画笔"工具 ✔.修饰文字。"图层"控制面板与"画笔"工具的属性栏如图 3-72 所示。

图 3-72

3.4.4 任务实施

（1）打开 Photoshop，按 Ctrl+N 组合键，弹出"新建文档"对话框，将宽度设置为 750 像素，高度设置为 88 像素，分辨率设置为 72 像素 / 英寸，背景内容设置为白色，如图 3-73 所示。单击"创建"按钮，完成文档的新建。

图 3-73

（2）选择"视图 > 新建参考线版面"命令，弹出"新建参考线版面"对话框，各选项的设置如图 3-74 所示。单击"确定"按钮，完成参考线版面的创建，效果如图 3-75 所示。

图 3-74

图 3-75

（3）选择"横排文字"工具 **T.**，在适当的位置输入需要的文字并选中文字，"图层"控制面板中将生成新的文字图层。选择"窗口 > 字符"命令，弹出"字符"控制面板，将"颜色"的 RGB 值设置为（52、52、52），其他选项的设置如图 3-76 所示。按 Enter 键确定操作，效果如图 3-77 所示。

图 3-76

推荐

图 3-77

（4）选择"矩形"工具□，在属性栏的"选择工具模式"选项中选择"形状"，将"填充"颜色的 RGB 值设置为（241、168、72），将"描边"颜色设置为无。在图像窗口中适当的位置绘制一个矩形，"图层"控制面板中将生成新的形状图层"矩形 1"。选择"窗口＞属性"命令，弹出"属性"面板，在其中进行设置，如图 3-78 所示。

（5）在"图层"控制面板中选中"推荐"文字图层，将其拖曳到"矩形 1"图层的上方，如图 3-79 所示，效果如图 3-80 所示。

图 3-78　　　　　　　　图 3-79　　　　　　　　　　　图 3-80

（6）选择"横排文字"工具 T.，在适当的位置分别输入需要的文字并选中文字，"图层"控制面板中将分别生成新的文字图层。在"字符"控制面板中将"颜色"的 RGB 值设置为（80、80、80），其他选项的设置如图 3-81 所示。按 Enter 键确定操作，效果如图 3-82 所示。

推荐　北京周边　上海　巴厘岛　天津　三亚

图 3-81　　　　　　　　　　　　　图 3-82

（7）分别单击"哈尔滨""云南""三亚"文字图层左侧的眼睛图标 ◉，隐藏图层。选中"天津"文字图层，单击"图层"控制面板下方的"添加图层蒙版"按钮 ▣，为图层添加图层蒙版，如图 3-83 所示。将前景色设置为黑色。选择"画笔"工具 ✎，在属性栏中单击"画笔预设"选项右侧的 按钮，在弹出的控制面板中选择需要的画笔形状，如图 3-84 所示。在图像窗口中进行涂抹，擦除不需要的部分，效果如图 3-85 所示。

（8）选择"椭圆"工具 ◯，在属性栏中将"填充"颜色的 RGB 值设置为（52、52、52），将"描边"颜色设置为无。按住 Shift 键的同时，在图像窗口中适当的位置绘制一个圆形，"图层"控制面板中将生成新的形状图层"椭圆 1"。在"属性"面板中进行设置，如图 3-86 所示。按 Enter 键确定操作，效果如图 3-87 所示。

图 3-83   图 3-84   图 3-85

图 3-86   图 3-87

（9）选择"圆角矩形"工具 ，在属性栏中将"半径"选项设置为 2 像素。按住 Alt 键的同时，在图像窗口中适当的位置绘制一个圆角矩形，在"属性"控制面板中进行设置，如图 3-88 所示。按 Enter 键确定操作，效果如图 3-89 所示。

图 3-88   图 3-89

（10）使用相同的方法，在图像窗口中适当的位置再次绘制一个圆角矩形，在"属性"面板中进行设置，如图 3-90 所示。按 Enter 键确定操作，效果如图 3-91 所示。在"图层"控制面板中，按住 Shift 键的同时单击"矩形 1"图层，将需要的图层同时选中。按 Ctrl+G 组合键，群组图层并将其重命名为"分段控件"，如图 3-92 所示。旅游类 App 分段控件设计完成。

图 3-90

图 3-91

图 3-92

任务 3.5   设计旅游类 App 页面控件

微课

设计旅游类 App
页面控件

3.5.1   任务引入

本任务要求读者使用 Photoshop 绘制旅游类 App 页面控件，从而掌握页面控件的设计要点与制作方法。

3.5.2   设计理念

在设计时，采用简洁便利的矩形条呈现方式；将矩形条设置为醒目的橙色；以数字表示可显示的页面面数，以白色数字和实线表示当前页面，以三角箭头表示页面移动方向。最终

效果参看"云盘 /Ch03/ 任务 3.5 设计旅游类 App 页面控件 / 效果 / 任务 3.5 设计旅游类 App 页面控件 .psd"，如图 3-93 所示。

图 3-93

3.5.3   任务知识

使用"直线"工具 ╱ 绘制形状，使用"置入嵌入对象"命令置入图标，使用"横排文字"工具 T. 输入文字。"直线"工具的属性栏如图 3-94 所示。

图 3-94

3.5.4 任务实施

（1）打开 Photoshop，按 Ctrl+N 组合键，弹出"新建文档"对话框，将宽度设置为 750 像素，高度设置为 72 像素，分辨率设置为 72 像素／英寸，背景颜色的 RGB 值设置为（255、151、1），如图 3-95 所示。单击"创建"按钮，完成文档的新建。

图 3-95

（2）选择"视图 > 新建参考线版面"命令，弹出"新建参考线版面"对话框，各选项的设置如图 3-96 所示。单击"确定"按钮，完成参考线版面的创建，效果如图 3-97 所示。

图 3-96

图 3-97

（3）选择"横排文字"工具 T.，在适当的位置输入需要的文字并选中文字，"图层"控制面板中将生成新的文字图层。选择"窗口 > 字符"命令，弹出"字符"控制面板，将"颜色"设置为白色，其他选项的设置如图 3-98 所示。按 Enter 键确定操作，效果如图 3-99 所示。

图 3-98

图 3-99

（4）选择"直线"工具 ✎，在属性栏的"选择工具模式"选项中选择"形状"，将"填充"颜色设置为无，将"描边"颜色设置为白色，将"粗细"选项设置为2像素。按住Shift键的同时，在适当的位置绘制一条直线段，如图3-100所示，"图层"控制面板中将生成新的形状图层"形状1"。

（5）在属性栏中将"粗细"选项设置为1像素，按住Shift键的同时，在适当的位置再次绘制一条直线段，效果如图3-101所示，"图层"控制面板中将生成新的形状图层"形状2"。在"图层"控制面板中将其"不透明度"选项设置为50%，如图3-102所示，效果如图3-103所示。

图3-100　　　　　图3-101　　　　　　　　　图3-102　　　　　　　　　图3-103

（6）将"形状2"图层拖曳到"图层"控制面板下方的"创建新图层"按钮 ▫ 上，将生成新的形状图层"形状2拷贝"。选择"移动"工具 ✛，按住Shift键的同时，将复制出的直线段水平向右拖曳到适当的位置，如图3-104所示。

（7）在"图层"控制面板中，按住Shift键的同时，单击"形状1"图层，将需要的图层同时选中。按Ctrl+G组合键，群组图层并将其重命名为"页面控件"，如图3-105所示。

图3-104　　　　　　　　　　　　　　　图3-105

（8）选择"横排文字"工具 T，在适当的位置输入需要的文字并选中文字，"图层"控制面板中将生成新的文字图层。在"字符"控制面板中将"颜色"设置为白色，其他选项的设置如图3-106所示，按Enter键确定操作。在"图层"控制面板中将其"不透明度"选项设置为50%，如图3-107所示，效果如图3-108所示。

图 3-106　　　　　　　　　图 3-107　　　　　　　　　图 3-108

（9）选择"文件 > 置入嵌入对象"命令，弹出"置入嵌入的对象"对话框。选择云盘中的"Ch03 > 任务 3.5 设计旅游类 App 页面控件 > 素材 > 01"文件，单击"置入"按钮，将图标置入图像窗口中，"图层"控制面板中将生成新的图层，将其重命名为"上一页"。将图标拖曳到适当的位置并调整其大小，按 Enter 键确定操作。设置该图层的"不透明度"选项为 50%，如图 3-109 所示。使用相同的方法置入"02"文件，将其拖曳到适当的位置并调整其大小，按 Enter 键确定操作，在"图层"控制面板中将其重命名为"下一页"，如图 3-110 所示，效果如图 3-111 所示。旅游类 App 页面控件设计完成。

图 3-109　　　　　　　　　　　　　　　　图 3-110

图 3-111

任务 3.6　设计旅游类 App 反馈控件

微课

设计旅游类 App
反馈控件

3.6.1　任务引入

本任务要求读者使用 Photoshop 绘制旅游类 App 反馈控件，从而掌握反馈控件的设计要点与制作方法。

3.6.2　设计理念

在设计时，采用"对话框"作为创作元素，形象地表明反馈之意；在对话框
右上角设置内含数字的圆形图标，用以显示信息数量；圆形图标以红色为底色，
数字以白色显示，醒目直观。最终效果参看"云盘 /Ch03/ 任务 3.6 设计旅游类
App 反馈控件 / 效果 / 任务 3.6 设计旅游类 App 反馈控件 .psd"，如图 3-112 所示。

图 3-112

3.6.3　任务知识

使用"椭圆"工具 ○.绘制形状，使用"横排文字"工具 T.输入文字。"椭圆"工具的
属性栏如图 3-113 所示。

图 3-113

3.6.4　任务实施

（1）打开 Photoshop，按 Ctrl+N 组合键，弹出"新建文档"对话框，将宽度设置为 138
像素，高度设置为 98 像素，分辨率设置为 72 像素 / 英寸，背景内容设置为白色，如图 3-114
所示。单击"创建"按钮，完成文档的新建。

图 3-114

（2）选择"视图 > 新建参考线版面"命令，弹出"新建参考线版面"对话框，各选项
的设置如图 3-115 所示。单击"确定"按钮，完成参考线版面的创建。选择"视图 > 新建参
考线"命令，弹出"新建参考线"对话框，各选项的设置如图 3-116 所示。在距离上方参考
线 48 像素的位置新建一条水平参考线，效果如图 3-117 所示。

图 3-115

图 3-116

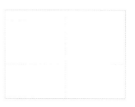

图 3-117

（3）选择"文件 > 置入嵌入对象"命令，弹出"置入嵌入的对象"对话框。选择云盘中的"Ch03 > 任务 3.6 设计旅游类 App 反馈控件 > 素材 > 01"文件，单击"置入"按钮，弹出"打开为智能对象"对话框，选择"页面 1"，如图 3-118 所示。单击"确定"按钮，将图标置入图像窗口中，如图 3-119 所示，"图层"控制面板中将生成新的图层，将其重命名为"消息（未选中）"。将图标拖曳到适当的位置并调整其大小，按 Enter 键确定操作。选择"窗口 > 属性"命令，弹出"属性"面板，在其中进行设置，如图 3-120 所示。按 Enter 键确定操作，效果如图 3-121 所示。

图 3-118

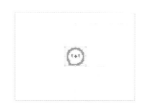

图 3-119

图 3-120

图 3-121

（4）选择"文件 > 置入嵌入对象"命令，弹出"置入嵌入的对象"对话框。选择云盘中的"Ch03 > 任务 3.6 设计旅游类 App 反馈控件 > 素材 > 01"文件，单击"置入"按钮，弹出"打开为智能对象"对话框，选择"页面 2"，如图 3-122 所示。单击"确定"按钮，将图标置入图像窗口中，调整该图标，使其与"消息（未选中）"图标的位置和大小相同，

"图层"控制面板中将生成新的图层，将其重命名为"消息（已选中）"，如图 3-123 所示。

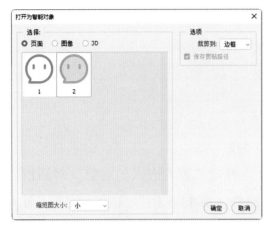

图 3-122   图 3-123

（5）单击"消息（已选中）"图层左侧的眼睛图标 ，隐藏该图层，如图 3-124 所示，效果如图 3-125 所示。

图 3-124   图 3-125

（6）选择"视图 > 新建参考线"命令，弹出"新建参考线"对话框，各选项的设置如图 3-126 所示。单击"确定"按钮，在距离上方参考线 8 像素的位置新建一条水平参考线，效果如图 3-127 所示。

图 3-126   图 3-127

（7）选中"背景"图层。选择"横排文字"工具 ，在适当的位置输入需要的文字并选中文字，"图层"控制面板中将生成新的文字图层，如图 3-128 所示。选择"窗口 > 字符"命令，弹出"字符"控制面板，将"颜色"的 RGB 值设置为（153、153、153），其他选项的设置如图 3-129 所示。按 Enter 键确定操作，效果如图 3-130 所示。

图 3-128　　　　　　　　　　图 3-129　　　　　　　　　　图 3-130

（8）选中"消息（已选中）"图层。选择"椭圆"工具◯，在属性栏的"选择工具模式"选项中选择"形状"，将"填充"颜色的 RGB 值设置为（240、60、27），将"描边"颜色设置为无。按住 Shift 键的同时，在图像窗口中适当的位置绘制一个圆形，"图层"控制面板中将生成新的形状图层"椭圆 1"。在"属性"控制面板中进行设置，如图 3-131 所示。按 Enter 键确定操作，效果如图 3-132 所示。

图 3-131　　　　　　　　　　　　　　　图 3-132

（9）选择"横排文字"工具 T，在适当的位置输入需要的文字并选中文字，"图层"控制面板中将生成新的文字图层。选择"窗口 > 字符"命令，弹出"字符"控制面板，将"颜色"设置为白色，其他选项的设置如图 3-133 所示。按 Enter 键确定操作，效果如图 3-134 所示。

（10）在"图层"控制面板中，按住 Shift 键的同时单击"椭圆 1"图层，将需要的图层同时选中。按 Ctrl+G 组合键，群组图层并将其重命名为"反馈控件"，如图 3-135 所示。旅游类 App 反馈控件设计完成。

图 3-133　　　　　　　　　　图 3-134　　　　　　　　　　图 3-135

任务 3.7   设计旅游类 App 文本框控件

微课

设计旅游类 App
文本框控件

3.7.1   任务引入

本任务要求读者使用 Photoshop 绘制旅游类 App 文本框控件，从而掌握文本框控件的设计要点与制作方法。

3.7.2   设计理念

在设计时，采用线性文本框的呈现方式，线性的文本框有助于简化布局；文本框底色选用深色，给人以安全、稳重感。最终效果参看"云盘 /Ch03/ 任务 3.7 设计旅游类 App 文本框控件 / 效果 / 任务 3.7 设计旅游类 App 文本框控件 .psd"，如图 3-136 所示。

| 账号 | xjg*******@163.com| |

图 3-136

3.7.3   任务知识

使用"横排文字"工具 T. 输入文字，使用"字符"控制面板调整文字间距等，使用"直线"工具 ∕. 绘制形状。"字符"控制面板如图 3-137 所示。

图 3-137

3.7.4   任务实施

（1）打开 Photoshop，按 Ctrl+N 组合键，弹出"新建文档"对话框，将宽度设置为 750 像素，高度设置为 112 像素，分辨率设置为 72 像素 / 英寸，背景颜色的 RGB 值设置为（89、133、142），如图 3-138 所示。单击"创建"按钮，完成文档的新建，如图 3-139 所示。

图 3-138

图 3-139

（2）选择"视图 > 新建参考线版面"命令，弹出"新建参考线版面"对话框，各选项的设置如图 3-140 所示。单击"确定"按钮，完成参考线版面的创建，效果如图 3-141 所示。

图 3-140

图 3-141

（3）选择"横排文字"工具 T，在适当的位置输入需要的文字并选中文字，"图层"控制面板中将生成新的文字图层。选择"窗口 > 字符"命令，弹出"字符"控制面板，将"颜色"设置为白色，其他选项的设置如图 3-142 所示。按 Enter 键确定操作，效果如图 3-143 所示。

图 3-142

账号

图 3-143

（4）选择"直线"工具 ／，在属性栏中将"填充"颜色设置为无，将"描边"颜色设置为白色，将"粗细"选项设置为 1 像素。按住 Shift 键的同时，在适当的位置绘制一条直线段，"图层"控制面板中将生成新的形状图层"形状 1"，如图 3-144 所示，效果如图 3-145 所示。

图 3-144

图 3-145

（5）在"图层"控制面板中，按住 Shift 键的同时单击"账号"文字图层，将需要的图层同时选中。按 Ctrl+G 组合键，群组图层并将其重命名为"未填充"，设置图层组的"不透明度"选项为 40%，如图 3-146 所示，效果如图 3-147 所示。

（6）将"未填充"图层组拖曳到"图层"控制面板下方的"创建新图层"按钮 上，将生成新的图层组，将其重命名为"已填充"，设置该图层组的"不透明度"选项为 100%。单击"未填充"图层组左侧的眼睛图标 ，隐藏该图层组，如图 3-148 所示。

图 3-146

图 3-147

图 3-148

（7）展开"已填充"图层组，选中"账号"文字图层，如图 3-149 所示。选择"横排文字"工具 T，选中并修改文字，效果如图 3-150 所示。

图 3-149

图 3-150

（8）选取"*******"，如图 3-151 所示。在"字符"控制面板中设置"设置基线偏移"选项为 -10 点，如图 3-152 所示，效果如图 3-153 所示。

图 3-151　　　　　图 3-152　　　　　图 3-153

（9）选择"直线"工具 ✐，在属性栏中将"填充"颜色设置为无，将"描边"颜色设置为白色，将"粗细"选项设置为1像素。按住 Shift 键的同时，在适当的位置绘制一条竖线段，"图层"控制面板中将生成新的形状图层"形状 2"，如图 3-154 所示，效果如图 3-155 所示。折叠"已填充"图层组。

（10）在"图层"控制面板中，按住 Shift 键的同时单击"未填充"图层组，将需要的图层组同时选中。按 Ctrl+G 组合键，群组图层组并将其重命名为"文本框控件"，如图 3-156 所示。旅游类 App 文本框控件设计完成。

图 3-154　　　　　图 3-155　　　　　图 3-156

任务 3.8 　项目演练——设计电商类 App 文本框控件

3.8.1　任务引入

微课

设计电商类 App 文本框控件

本任务要求读者使用 Photoshop 绘制电商类 App 文本框控件，从而掌握文本框控件的设计要点与制作方法。

3.8.2　设计理念

在设计时，采用线性文本框呈现方式，线性的文本框有助于简化布局；以锁和眼睛图标进行点缀，使显示内容更活泼，避免枯燥。最终效果参看"云盘/Ch03/任务 3.8 项目演练——

设计电商类 App 文本框控件 / 效果 / 任务 3.8 项目演练——设计电商类 App 文本框控件 .psd"，如图 3-157 所示。

图 3-157

任务 3.9　项目演练——设计餐饮类 App 按钮控件

3.9.1 任务引入

微课

设计餐饮类 App
按钮控件

本任务要求读者使用 Photoshop 绘制餐饮类 App 按钮控件，从而掌握按钮控件的设计要点与制作方法。

3.9.2 设计理念

在设计时，采用圆角矩形的按钮形式，圆滑的造型提升了用户的亲切感；按钮选择灰色和橙色两种颜色，可以更好地区分不同的内容。最终效果参看"云盘 /Ch03/ 任务 3.9 项目演练——设计餐饮类 App 按钮控件 / 效果 / 任务 3.9 项目演练——设计餐饮类 App 按钮控件 .psd"，如图 3-158 所示。

图 3-158

项目4

搭建丰富的组件——UI组件设计

与控件一样，组件能够实现模块化设计，帮助设计师高效工作。本项目对导航栏、标签栏、金刚区以及瓷片区等常用组件的设计进行系统的知识讲解与实操演练。通过本项目的学习，读者将对UI组件设计有一个系统的认识，并掌握绘制UI组件的规范和方法。

学习引导

知识目标

- 了解 UI 组件的基本概念
- 明确 UI 组件的获取方法

能力目标

- 了解 UI 组件的设计思路
- 掌握 UI 组件的制作方法

实训项目

- 设计旅游类 App 导航栏
- 设计旅游类 App 标签栏
- 设计旅游类 App 金刚区
- 设计旅游类 App 瓷片区

素养目标

- 培养 UI 组件设计规范意识
- 拓宽对 UI 组件的设计思路

相关知识：UI 组件的基础知识

1 组件的概念

组件由图片、图形、图标、文字等多种元素组成。使用组件能够保持设计的一致性，同时能提高设计和开发的效率。组件具有灵活使用、便于复用的特点，并且能够与用户进行交互，如图 4-1 所示。

图 4-1

2 组件的获取

组件同控件一样，可以从 Apple 或 Material Design 官方网站获取与下载。UI 设计师通常会在官方组件的基础上进行优化设计，以便自己使用。

任务 4.1 设计旅游类 App 导航栏

微课

设计旅游类 App
导航栏

4.1.1 任务引入

本任务要求读者使用 Photoshop 绘制旅游类 App 导航栏，从而掌握导航栏的设计要点与制作方法。

4.1.2 设计理念

在设计时，在 App 导航栏左侧设置一个圆角矩形输入框，用于输入搜索信息；右侧设置一个圆角矩形白色按钮，用于登录提示；导航栏底色选择渐变蓝色，营造清爽的氛围，贴合 App 特色。最终效果参看"云盘 /Ch04/ 任务 4.1 设计旅游类 App 导航栏 / 效果 / 任务 4.1 设计旅游类 App 导航栏 .psd"，如图 4-2 所示。

图 4-2

4.1.3 任务知识

使用"圆角矩形"工具 ○.绘制形状，使用"属性"面板制作弥散投影，使用"置入嵌入对象"命令置入图标，使用"横排文字"工具 T.输入文字。选择不同的对象，打开的"属性"控制面板不同，如图 4-3 所示。

（a）使用"属性"控制面板调整形状属性　　（b）使用"属性"控制面板中的蒙版选项制作弥散效果

图 4-3

4.1.4 任务实施

（1）打开 Photoshop，按 Ctrl+N 组合键，弹出"新建文档"对话框，将宽度设置为 750 像素，高度设置为 88 像素，分辨率设置为 72 像素 / 英寸，背景颜色的 RGB 值设置为（126、212、229），如图 4-4 所示。单击"创建"按钮，完成文档的新建。

图 4-4

（2）选择"圆角矩形"工具 ○.，在属性栏的"选择工具模式"选项中选择"形状"，将"填充"颜色设置为白色，将"描边"颜色设置为无，将"半径"选项设置为 34 像素。在图像窗口中适当的位置绘制一个圆角矩形，"图层"控制面板中将生成新的形状图层"圆角矩形 1"。选择"窗口 > 属性"命令，弹出"属性"面板，各选项的设置如图 4-5 所示。按Enter 键确定操作，效果如图 4-6 所示。

图 4-5   图 4-6

（3）按 Ctrl+J 组合键，复制"圆角矩形 1"图层，"图层"控制面板中将生成新的形状图层"圆角矩形 1 拷贝"。在属性栏中将"填充"颜色的 RGB 值设置为（77、105、110）。在"属性"面板中进行设置，如图 4-7 所示。按 Enter 键确定操作，效果如图 4-8 所示。在"属性"面板中单击"蒙版"按钮 ，其他选项的设置如图 4-9 所示。按 Enter 键确定操作，效果如图 4-10 所示。

图 4-7   图 4-8

图 4-9   图 4-10

（4）在"图层"控制面板中将"圆角矩形 1 拷贝"图层的"不透明度"选项设置为30%，并将该图层拖曳到"圆角矩形 1"图层的下方，如图 4-11 所示，效果如图 4-12 所示。

图 4-11

图 4-12

（5）使用浏览器打开 iconfont 官网，单击导航栏右侧的"登录"按钮，如图 4-13 所示，在新的页面中选择登录方式并登录，如图 4-14 所示。在搜索框中输入"搜索"，如图 4-15 所示，按 Enter 键进入搜索图标页面。

图 4-13

图 4-14

图 4-15

（6）在页面中将鼠标指针放置在需要下载的图标上，如图 4-16 所示。单击下方的"下载"按钮，在弹出的对话框中选择需要的颜色，如图 4-17 所示。单击"AI 下载"按钮，在弹出的对话框中设置文件名及下载路径，如图 4-18 所示。单击"下载"按钮，下载矢量图标。

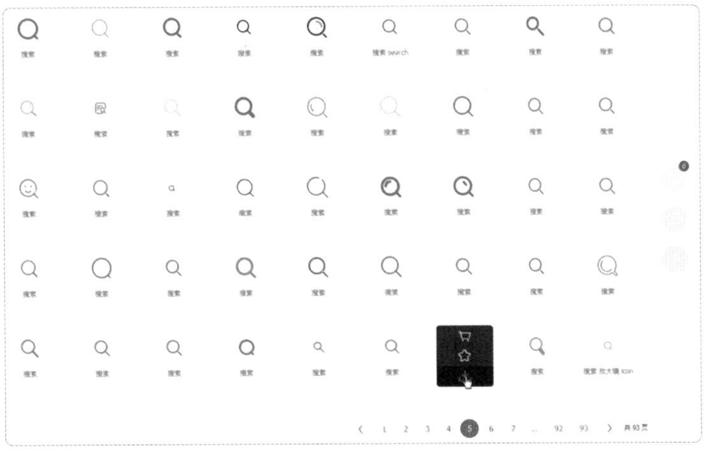

图 4-16

图 4-17　　　　　　　　　　　　　　　　　图 4-18

（7）在"图层"控制面板中选中"圆角矩形 1"图层。选择"文件 > 置入嵌入对象"命令，弹出"置入嵌入的对象"对话框。选择云盘中的"Ch04 > 任务 4.1 设计旅游类 App 导航栏 > 素材 > 02"文件，单击"置入"按钮，将图片置入图像窗口中，"图层"控制面板中将生成新的图层，将其重命名为"方形网格系统"。将图片拖曳到适当的位置并调整其大小，按 Enter 键确定操作。在"属性"面板中进行设置，如图 4-19 所示。按 Enter 键确定操作，效果如图 4-20 所示。

图 4-19　　　　　　　　　　　　　　　　　图 4-20

（8）选择"文件 > 置入嵌入对象"命令，弹出"置入嵌入的对象"对话框。选择云盘中的"Ch04 > 任务 4.1 设计旅游类 App 导航栏 > 素材 > 01"文件，单击"置入"按钮，将图标置入图像窗口中，"图层"控制面板中将生成新的图层，将其重命名为"搜索"。将图标拖曳到适当的位置并调整其大小，按 Enter 键确定操作。在"属性"面板中进行设置，如图 4-21 所示。按 Enter 键确定操作，将图标置于第（7）步导入的图片中，效果如图 4-22 所示。

图 4-21　　　　　　　　　　　　　　　　　图 4-22

（9）单击"方形网格系统"图层左侧的眼睛图标 👁，隐藏该图层，如图 4-23 所示。选择"横排文字"工具 T.，在适当的位置输入需要的文字并选中文字，"图层"控制面板中将生成新的文字图层。选择"窗口 > 字符"命令，弹出"字符"控制面板，将"颜色"的 RGB 值设置为（193、193、193），其他选项的设置如图 4-24 所示。按 Enter 键确定操作，效果如图 4-25 所示。

图 4-23   图 4-24   图 4-25

（10）选择"圆角矩形"工具 □.，在属性栏中将"填充"颜色设置为白色，将"描边"颜色设置为无，将"半径"选项设置为 34 像素。在图像窗口中适当的位置绘制一个圆角矩形，"图层"控制面板中将生成新的形状图层"圆角矩形 2"。在"属性"面板中进行设置，如图 4-26 所示。按 Enter 键确定操作，效果如图 4-27 所示。

图 4-26   图 4-27

（11）按 Ctrl+J 组合键，复制"圆角矩形 2"图层，"图层"控制面板中将生成新的形状图层"圆角矩形 2 拷贝"。在属性栏中将"填充"颜色的 RGB 值设置为（77、105、110）。在"属性"面板中进行设置，如图 4-28 所示，按 Enter 键确定操作，效果如图 4-29 所示。在"属性"面板中单击"蒙版"按钮 ▣，其他选项的设置如图 4-30 所示。按 Enter 键确定操作，效果如图 4-31 所示。

（12）在"图层"控制面板中将"圆角矩形 2 拷贝"图层的"不透明度"选项设置为 30%，并将该图层拖曳到"圆角矩形 2"图层的下方，如图 4-32 所示，效果如图 4-33 所示。

图 4-28　　　　　　　图 4-29　　　　　　　图 4-30　　　　　　　图 4-31

（13）在"图层"控制面板中选中"圆角矩形 2"图层。选择"横排文字"工具 T.，在适当的位置输入需要的文字并选中文字，"图层"控制面板中将生成新的文字图层。在"字符"面板中进行设置，将"颜色"的 RGB 值设置为（52、52、52），其他选项的设置如图 4-34所示。按 Enter 键确定操作，效果如图 4-35 所示。

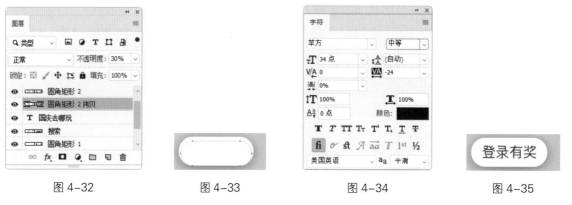

图 4-32　　　　　　　图 4-33　　　　　　　图 4-34　　　　　　　图 4-35

（14）按住 Shift 键的同时单击"圆角矩形 1 拷贝"图层，将需要的图层同时选中。按Ctrl+G 组合键，群组图层并将其重命名为"导航栏"，如图 4-36 所示。旅游类 App 导航栏设计完成，效果如图 4-37 所示。

图 4-36　　　　　　　　　　　　图 4-37

任务 4.2 设计旅游类 App 标签栏

微课

设计旅游类 App
标签栏

4.2.1 任务引入

本任务要求读者使用 Illustrator 和 Photoshop 绘制旅游类 App 标签栏，从而掌握标签栏的设计要点与制作方法。

4.2.2 设计理念

在设计时，App 标签栏以线性图标 + 文字的方式进行呈现；标签栏背景选择白色，给人以清爽的感觉，也使图标较为醒目；图标选择橙色和灰色两种颜色，文字也如此，便于区分选中与未选中状态。最终效果参看"云盘/Ch04/任务 4.2 设计旅游类 App 标签栏/效果/任务 4.2 设计旅游类 App 标签栏 .psd"，如图 4-38 所示。

图 4-38

4.2.3 任务知识

在 Illustrator 中，使用"矩形"工具▣绘制形状，使用"钢笔"工具✎添加锚点，使用"直接选择"工具▷调整锚点到适当的位置并制作圆角效果；在 Photoshop 中，使用"矩形"工具▢和"属性"面板确定参考线的位置，使用"置入嵌入对象"命令置入图标，使用"横排文字"工具 T.输入文字。双击"矩形"工具弹出的"矩形"对话框如图 4-39 所示。

图 4-39

4.2.4 任务实施

（1）在 Illustrator 中，按 Ctrl+N 组合键，弹出"新建文档"对话框，设置宽度为 24px、高度为 24px、取向为横向、颜色模式为 RGB、分辨率为 72 像素 / 英寸，单击"创建"按钮，新建一个文件。

（2）选择"编辑 > 首选项 > 常规"命令，弹出"首选项"对话框，将"键盘增量"选项设置为 1px，如图 4-40 所示。选择"单位"选项，切换到相应的界面中进行设置，如图 4-41 所示。

图 4-40   图 4-41

（3）选择"参考线和网格"选项，切换到相应的界面，将"网格线间隔"选项设置为1px，如图 4-42 所示，单击"确定"按钮。

（4）选择"视图 > 显示网格"命令，显示网格。选择"视图 > 对齐网格"命令，对齐网格。选择"视图 > 对齐像素"命令，对齐像素。

（5）选择"文件 > 打开"命令，弹出"打开"对话框，选择云盘中的"Ch04 > 任务 4.2 设计旅游类 App 标签栏 > 素材 > 02"文件，单击"打开"按钮，效果如图 4-43 所示。

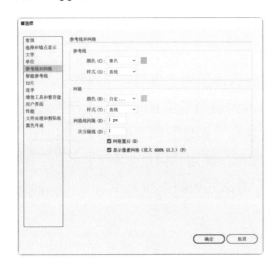
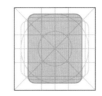

图 4-42   图 4-43

（6）选择"选择"工具 ▶，选择网格系统，按 Ctrl+C 组合键复制网格系统。返回到正在编辑的页面，按 Ctrl+V 组合键，将其粘贴到当前页面中，再将其拖曳到适当的位置，效果如图 4-44 所示。

（7）选择"矩形"工具 ▢，在页面中单击，弹出"矩形"对话框，具体设置如图 4-45 所示。单击"确定"按钮，得到一个圆角矩形。设置描边色的 RGB 值为（153、153、153），填充描边，并设置填充色为无，效果如图 4-46 所示。

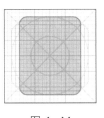

图 4-44

图 4-45

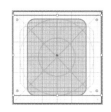

图 4-46

（8）选择"窗口 > 描边"命令，弹出"描边"控制面板，将"粗细"选项设置为 1.5 px，将"对齐描边"选项设置为"使描边内侧对齐"，其他选项的设置如图 4-47 所示，效果如图 4-48 所示。

图 4-47

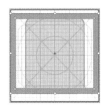

图 4-48

（9）选择"钢笔"工具 ，在矩形上方中间的位置单击，添加一个锚点。在"属性"控制面板中，设置"X"选项为 12px、"Y"选项为 1px，如图 4-49 所示，效果如图 4-50 所示。选择"直接选择"工具 ，按住 Shift 键的同时选中需要的锚点，将其垂直向下拖曳 7px，效果如图 4-51 所示。

图 4-49

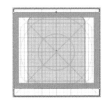

图 4-50

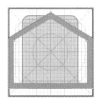

图 4-51

（10）选择"钢笔"工具 ，在形状的右侧单击，添加一个锚点。在"属性"控制面板中，设置"X"选项为 24px、"Y"选项为 10px，如图 4-52 所示，效果如图 4-53 所示。选择"直接选择"工具 ，按住 Shift 键的同时选中需要的锚点，将其水平向左拖曳 5px，效果如图 4-54 所示。

图 4-52

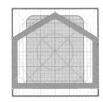

图 4-53

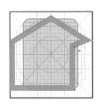

图 4-54

（11）选择"钢笔"工具 ✏️，在形状的左侧单击，添加一个锚点。在"属性"控制面板中，设置"X"选项为0px、"Y"选项为10px，如图4-55所示，效果如图4-56所示。选择"直接选择"工具 ▷，按住Shift键的同时选中需要的锚点，将其水平向右拖曳5px，效果如图4-57所示。

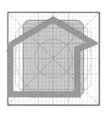
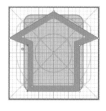

图4-55　　　　　　　　　　图4-56　　　　　　　　　　图4-57

（12）选择"直接选择"工具 ▷，在形状左侧选中需要的锚点，将其垂直向下拖曳2px，效果如图4-58所示。按住Shift键的同时选中需要的锚点，将其垂直向下拖曳3px，效果如图4-59所示。使用相同的方法调整右侧的锚点，效果如图4-60所示。

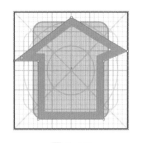
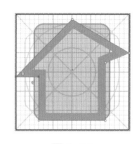
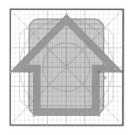

图4-58　　　　　　　　　　图4-59　　　　　　　　　　图4-60

（13）选择"钢笔"工具 ✏️，在形状的下方单击，添加一个锚点。在"属性"控制面板中，设置"X"选项为10px、"Y"选项为22px，如图4-61所示，效果如图4-62所示。使用相同的方法，分别在"X"选项为11px、13px和14px，"Y"选项均为22px的位置添加一个锚点，效果如图4-63所示。

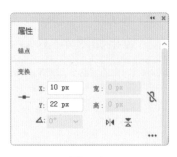
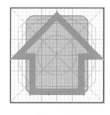
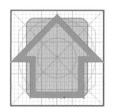

图4-61　　　　　　　　　　图4-62　　　　　　　　　　图4-63

（14）选择"直接选择"工具 ▷，在形状下方选中需要的锚点，将其垂直向上拖曳5px，效果如图4-64所示。选中左侧的锚点，将其水平向右拖曳1px，效果如图4-65所示。使用相同的方法调整右侧的锚点，效果如图4-66所示。

图 4-64

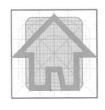
图 4-65

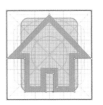
图 4-66

（15）选中形状右下角的锚点，如图 4-67 所示，显示边角点，如图 4-68 所示。双击边角点，弹出"边角"对话框，设置"半径"选项为 2px，其他选项的设置如图 4-69 所示。单击"确定"按钮，效果如图 4-70 所示。

图 4-67

图 4-68

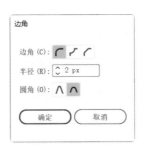
图 4-69

图 4-70

（16）使用相同的方法调整左下角的锚点，效果如图 4-71 所示。选中形状顶部的锚点，如图 4-72 所示，显示边角点，如图 4-73 所示。双击边角点，弹出"边角"对话框，设置"半径"选项为 1px，其他选项的设置如图 4-74 所示。单击"确定"按钮，效果如图 4-75 所示。使用相同的方法调整另外两个锚点，效果如图 4-76 所示。

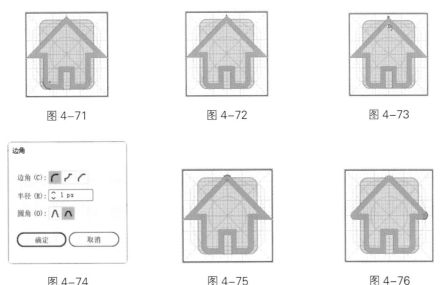

图 4-71　　　　　　　图 4-72　　　　　　　图 4-73

图 4-74　　　　　　　图 4-75　　　　　　　图 4-76

（17）选择"选择"工具 ▶，选中图标。在"属性"控制面板中单击"保持宽度与高度比例"按钮 🔓，设置"高"选项为 21px，其他选项的设置如图 4-77 所示。单击"保持宽度与高度比例"按钮 🔒，设置"宽"选项为 22px、"Y"选项为 12px，其他选项的设置如图 4-78 所示，效果如图 4-79 所示。

图 4-77

图 4-78

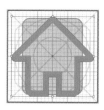
图 4-79

（18）选择"画板"工具 🗔，按住 Alt+Shift 组合键的同时，将"画板 1"垂直向下拖曳到适当的位置，如图 4-80 所示，生成新的画板"画板 1 副本"。选择"选择"工具 ▶，选中"画板 1 副本"中的图标，设置描边色的 RGB 值为（255、151、1），效果如图 4-81 所示。

（19）保持图标处于选择状态，按 Ctrl+C 组合键复制图标，按 Ctrl+F 组合键原位粘贴图标，设置填充色的 RGB 值为（255、151、1），填充图标，并设置描边色为无，效果如图 4-82 所示。

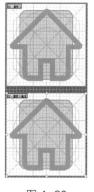
图 4-80

图 4-81

图 4-82

（20）选择"窗口>透明度"命令，弹出"透明度"控制面板，将"不透明度"选项设置为 30%，其他选项的设置如图 4-83 所示。在图标上单击鼠标右键，在弹出的快捷菜单中选择"排列>后移一层"命令，如图 4-84 所示，将图标后移一层，效果如图 4-85 所示。

图 4-83

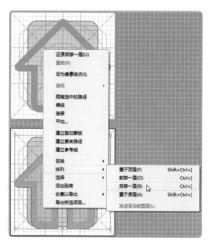
图 4-84

图 4-85

（21）使用相同的方法分别绘制其他图标，效果如图 4-86 所示。按住 Shift 键的同时，分别单击图标的网格系统，将其同时选中，按 Ctrl+3 组合键隐藏网格系统，效果如图 4-87 所示。按 Ctrl+S 组合键，将文件保存在"Ch04 > 制作旅游类 App 标签栏 > 素材"文件夹中，并命名为"01.ai"。

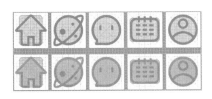

图 4-86

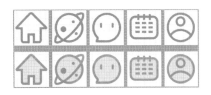

图 4-87

（22）在 Photoshop 中，按 Ctrl+N 组合键，弹出"新建文档"对话框，将宽度设置为750 像素，高度设置为 98 像素，分辨率设置为 72 像素 / 英寸，背景内容设置为白色，如图 4-88 所示。单击"创建"按钮，完成文档的新建。

图 4-88

（23）选择"视图 > 新建参考线版面"命令，弹出"新建参考线版面"对话框，选项的设置如图 4-89 所示。单击"确定"按钮，完成参考线版面的创建，效果如图 4-90 所示。

图 4-89

图 4-90

（24）选择"矩形"工具 □，在属性栏的"选择工具模式"选项中选择"形状"，将"填充"颜色设置为黑色，将"描边"颜色设置为无。在图像窗口中适当的位置绘制一个矩形，"图层"控制面板中将生成新的形状图层"矩形 1"。选择"窗口 > 属性"命令，弹出"属性"

面板，在其中进行设置。在"W"选项中输入数值，如图 4-91 所示，按 Enter 键确定操作，效果如图 4-92 所示。去除小数点后的数字，保留整数，如图 4-93 所示，效果如图 4-94 所示。

（25）按 Ctrl+R 组合键显示标尺，选择"视图 > 对齐到 > 全部"命令，方便进行对齐。将鼠标指针移到图像窗口左侧的标尺上，按住鼠标左键并水平向右拖曳，在矩形右侧锚点的位置松开鼠标左键，完成参考线的创建，效果如图 4-95 所示。

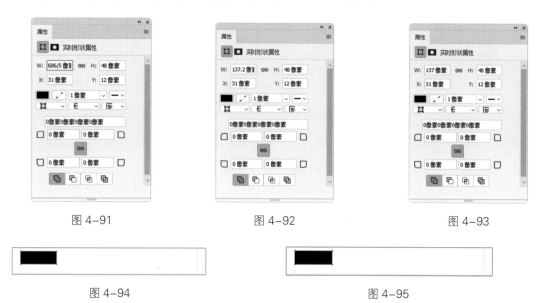

图 4-91　　　　　　　　图 4-92　　　　　　　　图 4-93

图 4-94　　　　　　　　　　　　图 4-95

（26）将鼠标指针移到图像窗口上方的标尺上，按住鼠标左键并垂直向下拖曳，在矩形上方锚点的位置松开鼠标左键，完成参考线的创建，效果如图 4-96 所示。使用相同的方法，在矩形下方创建一条参考线，效果如图 4-97 所示。

图 4-96　　　　　　　　　　　　图 4-97

（27）按 Ctrl+T 组合键，矩形周围会出现变换框，如图 4-98 所示。将鼠标指针移到图像窗口左侧的标尺上，按住鼠标左键并水平向右拖曳，在矩形中心点的位置松开鼠标左键，完成参考线的创建，效果如图 4-99 所示。

图 4-98　　　　　　　　　　　　图 4-99

（28）选择"移动"工具 ，按住 Shift 键的同时，将矩形水平向右移动到适当的位置，使矩形左侧贴齐参考线，如图 4-100 所示。使用上述方法，分别在矩形中心和矩形右侧添加一条垂直参考线，如图 4-101 所示。

图 4-100　　　　　　　　　　　　图 4-101

（29）使用相同的方法，分别添加 4 条垂直参考线，如图 4-102 所示。选择"矩形"工具 □，在"属性"面板中进行设置，如图 4-103 所示。按 Ctrl+T 组合键，矩形周围会出现变换框，将鼠标指针移到图像窗口左侧的标尺上，按住鼠标左键并水平向右拖曳，在矩形中心点的位置松开鼠标左键，完成参考线的创建，效果如图 4-104 所示，按 Enter 键确定操作。在"图层"控制面板中选中"矩形 1"图层，按 Delete 键将其删除，效果如图 4-105 所示。

图 4-102　　　　　　　　　　　　　　　　图 4-103

图 4-104　　　　　　　　　　　　　　　　图 4-105

（30）选择"文件 > 置入嵌入对象"命令，弹出"置入嵌入的对象"对话框。选择云盘中的"Ch04 > 任务 4.2 设计旅游类 App 标签栏 > 素材 > 01"文件，单击"置入"按钮，弹出"打开为智能对象"对话框，选择"页面 1"，如图 4-106 所示。单击"确定"按钮，将图标置入图像窗口中，如图 4-107 所示，"图层"控制面板中将生成新的图层，将其重命名为"首页（未选中）"。将图标拖曳到适当的位置并调整其大小，按 Enter 键确定操作。在"属性"面板中进行设置，如图 4-108 所示。按 Enter 键确定操作，效果如图 4-109 所示。

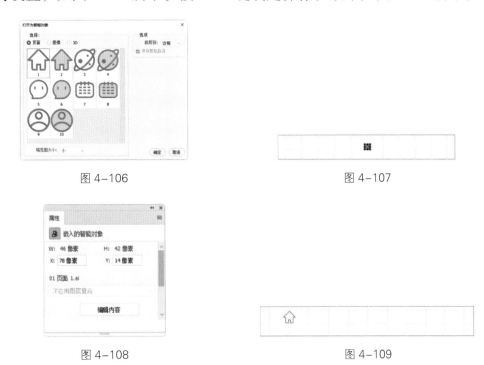

图 4-106　　　　　　　　　　　　　　　　图 4-107

图 4-108　　　　　　　　　　　　　　　　图 4-109

（31）选择"文件 > 置入嵌入对象"命令，弹出"置入嵌入的对象"对话框。选择云盘中的"Ch04 > 任务4.2设计旅游类App标签栏 > 素材 > 01"文件，单击"置入"按钮，弹出"打开为智能对象"对话框，选择"页面2"，如图4-110所示。单击"确定"按钮，将图标置入图像窗口中，对其进行调整，使其与"首页（未选中）"图标的位置与大小相同，在"图层"控制面板中将其重命名为"首页（已选中）"，如图4-111所示。

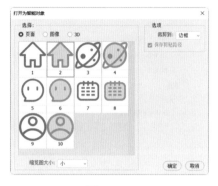

图4-110   图4-111

（32）单击"首页（未选中）"图层左侧的眼睛图标 ，隐藏该图层，如图4-112所示，效果如图4-113所示。

图4-112   图4-113

（33）使用相同的方法分别置入其他需要的图标并调整图标大小，在"属性"面板中分别设置图标的位置，"图层"控制面板中将分别生成新的图层，分别对其进行重命名，再设置图标的显示与隐藏状态，如图4-114所示，效果如图4-115所示。

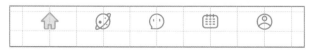

图4-114   图4-115

（34）选择"视图 > 新建参考线"命令，弹出"新建参考线"对话框，各选项的设置如图 4-116 所示。单击"确定"按钮，在距离上方参考线 8 像素的位置新建一条水平参考线，效果如图 4-117 所示。

图 4-116   图 4-117

（35）选中"背景"图层。选择"横排文字"工具 T，在适当的位置输入需要的文字并选中文字，"图层"控制面板中将生成新的文字图层，如图 4-118 所示。选择"窗口 > 字符"命令，弹出"字符"控制面板，将"颜色"的 RGB 值设置为（255、151、1），其他选项的设置如图 4-119 所示。按 Enter 键确定操作，效果如图 4-120 所示。

图 4-118   图 4-119   图 4-120

（36）使用相同的方法再次分别输入文字，"图层"控制面板中将分别生成新的文字图层。在"字符"面板中，将"颜色"的 RGB 值设置为（153、153、153），其他选项的设置如图 4-121 所示。按 Enter 键确定操作，效果如图 4-122 所示。

图 4-121   图 4-122

（37）在"图层"控制面板中选中"我的（已选中）"图层，如图 4-123 所示。按住 Shift 键的同时，单击"首页"图层，将需要的图层同时选中。按 Ctrl+G 组合键，群组图层并将其重命名为"标签栏"，如图 4-124 所示。旅游类 App 标签栏设计完成。

图 4-123

图 4-124

任务 4.3　设计旅游类 App 金刚区

微课

设计旅游类 App
金刚区

4.3.1　任务引入

本任务要求读者使用 Photoshop 绘制旅游类 App 金刚区，从而掌握金刚区的设计要点与制作方法。

4.3.2　设计理念

在设计时，App 金刚区以面性图标 + 文字的方式进行呈现；每个门类都选择具有象征意义的图标，如机票图标选择飞机图案，火车票、图标选择火车图案等，富有创意；不同的图标选择不同的渐变颜色，文字统一为黑色，使整体效果更加丰富。最终效果参看"云盘 / Ch04/ 任务 4.3 设计旅游类 App 金刚区 / 效果 / 任务 4.3 设计旅游类 App 金刚区 .psd"，如图 4-125 所示。

图 4-125

4.3.3　任务知识

使用"矩形"工具▢和"属性"面板确定参考线的位置，使用"圆角矩形"工具▢和"椭圆"工具◯绘制图标，使用"直接选择"工具▷.调整图标位置；使用"渐变叠加"命令添加渐变效果，使用"置入嵌入对象"命令置入网格系统，使用"横排文字"工具 T.输入文字。本任务涉及的部分属性栏、对话框如图 4-126 所示。

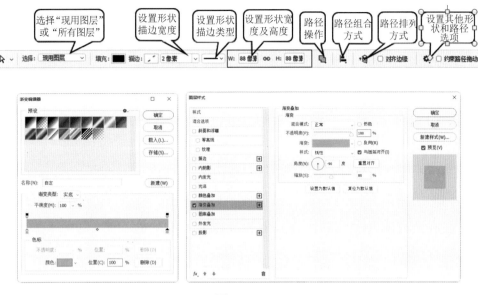

图 4-126

4.3.4 任务实施

（1）打开 Photoshop，按 Ctrl+N 组合键，弹出"新建文档"对话框，将宽度设置为 750 像素，高度设置为 144 像素，分辨率设置为 72 像素 / 英寸，背景内容设置为白色，如图 4-127 所示。单击"创建"按钮，完成文档的新建。

图 4-127

（2）选择"视图 > 新建参考线版面"命令，弹出"新建参考线版面"对话框，各选项的设置如图 4-128 所示。单击"确定"按钮，完成参考线版面的创建，效果如图 4-129 所示。

图 4-128

图 4-129

（3）选择"矩形"工具 ▢，在属性栏的"选择工具模式"选项中选择"形状"，将"填充"颜色设置为黑色，将"描边"颜色设置为无。在图像窗口中适当的位置绘制一个矩形，"图层"控制面板中将生成新的形状图层"矩形1"。选择"窗口＞属性"命令，弹出"属性"面板，在其中进行设置。在"W"选项中输入数值，如图4-130所示。按Enter键确定操作，效果如图4-131所示。去除小数点后的数字，保留整数，如图4-132所示，效果如图4-133所示。

（4）按Ctrl+R组合键显示标尺，选择"视图＞对齐到＞全部"命令，方便进行对齐。将鼠标指针移到图像窗口左侧的标尺上，按住鼠标左键并水平向右拖曳，在矩形右侧锚点的位置松开鼠标左键，完成参考线的创建，效果如图4-134所示。

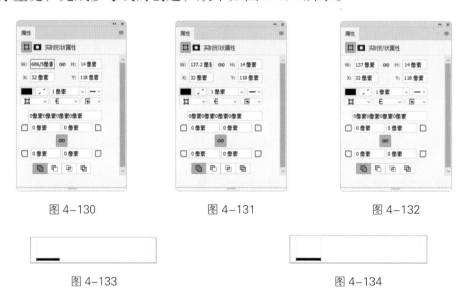

图4-130　　　　　　　图4-131　　　　　　　图4-132

图4-133　　　　　　　　　　　　　图4-134

（5）按Ctrl+T组合键，矩形周围会出现变换框，如图4-135所示。将鼠标指针移到图像窗口左侧的标尺上，按住鼠标左键并水平向右拖曳，在矩形中心点的位置松开鼠标左键，完成参考线的创建，效果如图4-136所示。

图4-135　　　　　　　　　　　　　图4-136

（6）选择"移动"工具 ✛，按住Shift键的同时，将矩形水平向右移动到适当的位置，使矩形左侧贴齐参考线，如图4-137所示。使用上述方法，分别在矩形中心和矩形右侧添加一条垂直参考线，如图4-138所示。

图4-137 　　　　　　　　　　　　　图4-138

（7）使用相同的方法，分别添加4条垂直参考线，如图4-139所示。选择"矩形"工具 ▢，在"属性"面板中进行设置，如图4-140所示。按Ctrl+T组合键，矩形周围会出现变换框，将鼠标指针移到图像窗口左侧的标尺上，按住鼠标左键并水平向右拖曳，在矩形中心点的位置松开鼠标左键，完成参考线的创建，效果如图4-141所示。按Enter键确定操作，在"图层"控制面板中选中"矩形1"图层，按Delete键将其删除，效果如图4-142所示。

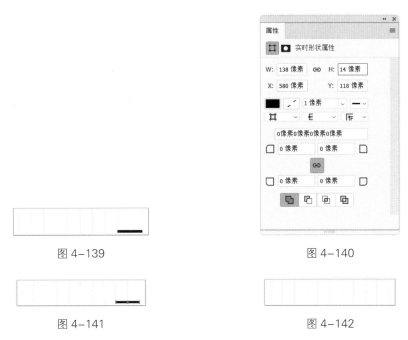

图4-139

图4-140

图4-141

图4-142

（8）选择"圆角矩形"工具▢，在属性栏中将"半径"选项设置为4像素。在图像窗口中适当的位置绘制一个圆角矩形，"图层"控制面板中将生成新的形状图层"圆角矩形1"。在"属性"面板中进行设置，如图4-143所示。按Enter键确定操作，效果如图4-144所示。

图4-143

图4-144

（9）单击"图层"控制面板下方的"添加图层样式"按钮 fx.，在弹出的菜单中选择"渐变叠加"命令，弹出"图层样式"对话框。单击"渐变"选项右侧的"点按可编辑渐变"按钮 ▮▮▮▮ ，弹出"渐变编辑器"对话框，设置两个色标的"位置"选项分别为0、100，设置两个色标颜色的RGB值分别为0（1、206、149）、100（4、219、64），如图4-145所示。单击"确定"按钮，返回到"图层样式"对话框，其他选项的设置如图4-146所示。单击"确定"按钮，效果如图4-147所示。

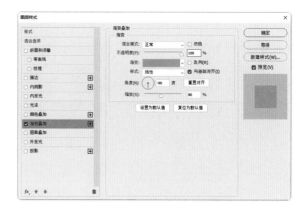

图 4-145   图 4-146

图 4-147

（10）选择"圆角矩形"工具 □.，在属性栏中将"半径"选项设置为2像素。在图像窗口中适当的位置绘制一个圆角矩形，效果如图4-148所示，"图层"控制面板中将生成新的形状图层"圆角矩形2"。在"属性"面板中进行设置，如图4-149所示，效果如图4-150所示。

图 4-148   图 4-149   图 4-150

（11）选择"直接选择"工具 ▷.，选中圆角矩形左上角的锚点，按住Shift键的同时，将其水平向右拖曳到适当的位置，效果如图4-151所示。使用相同的方法调整圆角矩形右上角的锚点，效果如图4-152所示。

图 4-151   图 4-152

（12）单击"图层"控制面板下方的"添加图层样式"按钮 fx.，在弹出的菜单中选择"渐变叠加"命令，弹出"图层样式"对话框。单击"渐变"选项右侧的"点按可编辑渐变"按钮 ▀▀▀▀，弹出"渐变编辑器"对话框，设置两个色标的"位置"选项分别为0、100，设置两个色标颜色的RGB值分别为0（1、187、55）、100（2、207、59），如图4-153所示。

单击"确定"按钮，返回到"图层样式"对话框，其他选项的设置如图 4-154 所示。单击"确定"按钮，效果如图 4-155 所示。

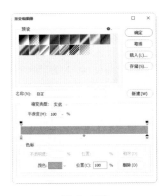

图 4-153

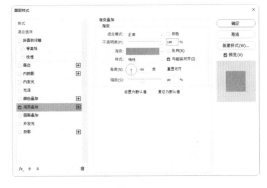

图 4-154

（13）在"图层"控制面板中选中"圆角矩形 1"图层，将其拖曳到"圆角矩形 2"图层的上方，如图 4-156 所示，效果如图 4-157 所示。

图 4-155

图 4-156

图 4-157

（14）选择"圆角矩形"工具 ◯，在属性栏中将"半径"选项设置为 4 像素。在图像窗口中适当的位置绘制一个圆角矩形，"图层"控制面板中将生成新的形状图层"圆角矩形 3"。在"属性"面板中进行设置，将"填充"颜色设置为白色，其他选项的设置如图 4-158 所示。按 Enter 键确定操作，效果如图 4-159 所示。

（15）选择"路径选择"工具 ▸，按住 Alt+Shift 组合键的同时，将圆角矩形水平向右拖曳至适当的位置，复制圆角矩形。在"属性"面板中进行设置，如图 4-160 所示。按 Enter 键确定操作，效果如图 4-161 所示。

图 4-158

图 4-159

图 4-160

图 4-161

（16）选择"椭圆"工具 ◯，按住 Shift 键的同时，在图像窗口中适当的位置绘制一个圆形，"图层"控制面板中将生成新的形状图层"椭圆1"。在"属性"面板中进行设置，如图4-162所示。按 Enter 键确定操作，效果如图4-163所示。

（17）选择"路径选择"工具 ▸，按住 Alt+Shift 组合键的同时，将圆形水平向右拖曳至适当的位置，复制圆形。在"属性"面板中进行设置，如图4-164所示。按 Enter 键确定操作，效果如图4-165所示。

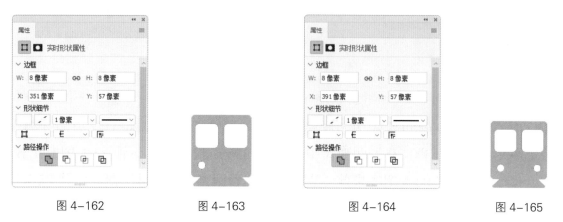

图4-162　　　　图4-163　　　　　　　　图4-164　　　　图4-165

（18）在"图层"控制面板中将"圆角矩形3"图层的"填充"选项设置为0%，如图4-166所示。

（19）单击"图层"控制面板下方的"添加图层样式"按钮 ƒx，在弹出的菜单中选择"渐变叠加"命令，弹出"图层样式"对话框。单击"渐变"选项右侧的"点按可编辑渐变"按钮 ▰▰▰，弹出"渐变编辑器"对话框，设置两个色标的"位置"选项分别为0、100，两个色标的颜色均为白色，两个色标的"不透明度"选项分别为60、20，如图4-167所示。单击"确定"按钮，返回到"图层样式"对话框，其他选项的设置如图4-168所示。单击"确定"按钮，效果如图4-169所示。

图4-166　　　　　　　　　　图4-167

图 4-168

图 4-169

（20）在"图层"控制面板中，按住 Shift 键的同时单击"圆角矩形 2"图层，将需要的图层同时选中。按 Ctrl+G 组合键，群组图层并将其重命名为"火车票"，如图 4-170 所示。使用相同的方法分别制作其他图标，图层组如图 4-171 所示，效果如图 4-172 所示。

图 4-170

图 4-171

图 4-172

（21）用网格系统选择合适的形状并进行调整。在"图层"控制面板中选中"火车票"图层。选择"文件 > 置入嵌入对象"命令，弹出"置入嵌入的对象"对话框。选择云盘中的"Ch04 > 任务 4.3 设计旅游类 App 金刚区 > 素材 > 01"文件，单击"置入"按钮，将图片置入图像窗口中，"图层"控制面板中将生成新的图层，将其重命名为"水平矩形网格系统"。将图片拖曳到适当的位置，按 Enter 键确定操作。在"属性"面板中进行设置，如图 4-173 所示。按 Enter 键确定操作，效果如图 4-174 所示。

图 4-173

图 4-174

（22）选择"移动"工具 ⊹，按住 Alt+Shift 组合键的同时，将图片水平向右拖曳至适当的位置，复制图片，"图层"控制面板中将生成新的形状图层"水平矩形网格系统 拷贝"，在"属性"面板中进行设置，如图 4-175 所示。使用相同的方法再次复制一个图片，"图层"控制面板中将生成新的形状图层"水平矩形网格系统 拷贝 2"。在"属性"面板中进行设置，如图 4-176 所示，效果如图 4-177 所示。

图 4-175　　　　　　　　　　图 4-176　　　　　　　　　　　　图 4-177

（23）选择"文件 > 置入嵌入对象"命令，弹出"置入嵌入的对象"对话框。选择云盘中的"Ch04 > 任务 4.3 设计旅游类 App 金刚区 > 素材 > 02"文件，单击"置入"按钮，将图片置入图像窗口中，"图层"控制面板中将生成新的图层，将其重命名为"垂直矩形网格系统"。将图片拖曳到适当的位置，按 Enter 键确定操作。在"属性"面板中进行设置，如图 4-178 所示。按 Enter 键确定操作，效果如图 4-179 所示。

图 4-178　　　　　　　　　　　　　　　图 4-179

（24）选择"文件 > 置入嵌入对象"命令，弹出"置入嵌入的对象"对话框。选择云盘中的"Ch04 > 任务 4.3 设计旅游类 App 金刚区 > 素材 > 03"文件，单击"置入"按钮，将图片置入图像窗口中，"图层"控制面板中将生成新的图层，将其重命名为"方形网格系统"。将图片拖曳到适当的位置，按 Enter 键确定操作。在"属性"面板中进行设置，如图 4-180 所示。按 Enter 键确定操作，效果如图 4-181 所示。

（25）按住 Shift 键的同时单击"水平矩形网格系统"图层，将需要的图层同时选中。按 Ctrl+G 组合键，群组图层并将其重命名为"网格系统"，如图 4-182 所示。

图 4-180　　　　　　　　图 4-181　　　　　　　　图 4-182

（26）通过观察可见，"火车票"图标与其他图标相比，易引起视觉效果不平衡。在"图层"控制面板中选中"火车票"图层组，按 Ctrl+T 组合键，图标周围会出现变换框，按住 Alt+Shift 键的同时，拖曳右上角的控制手柄等比例缩小图标，按 Enter 键确定操作，效果如图 4-183 所示。使用相同的方法调整"门票"图标，效果如图 4-184 所示。

图 4-183　　　　　　　　　　　　　　图 4-184

（27）在"图层"控制面板中，单击"网格系统"图层组左侧的眼睛图标 👁，隐藏该图层组，并选中"火车票"图层组，如图 4-185 所示。选择"横排文字"工具 T，在适当的位置输入需要的文字并选中文字，"图层"控制面板中将生成新的文字图层。选择"窗口 > 字符"命令，弹出"字符"控制面板，将"颜色"的 RGB 值设置为（52、52、52），其他选项的设置如图 4-186 所示。按 Enter 键确定操作，效果如图 4-187 所示。

图 4-185　　　　　　　　图 4-186　　　　　　　　图 4-187

（28）使用相同的方法分别输入其他文字，制作出图 4-188 所示的效果，"图层"控制面板中将分别生成新的文字图层。选中"门票"图层组，如图 4-189 所示。按住 Shift 键的同时，单击"网格系统"图层组，将需要的图层同时选中。按 Ctrl+G 组合键，群组图层并将其重命名为"金刚区"，如图 4-190 所示。旅游类 App 金刚区设计完成。

图 4-188

图 4-189

图 4-190

任务 4.4   设计旅游类 App 瓷片区

微课

设计旅游类 App
瓷片区

4.4.1   任务引入

本任务要求读者使用 Photoshop 绘制旅游类 App 瓷片区，从而掌握瓷片区的设计要点与制作方法。

4.4.2   设计理念

在设计时，App 瓷片区以实景图片 + 文字的方式进行呈现；在瓷片区左侧设置一张大图，右侧上下分别设置一张图，使整体布局具有主次分明、灵活的特点。最终效果参看"云盘 / Ch04/ 任务 4.4 设计旅游类 App 瓷片区 / 效果 / 任务 4.4 设计旅游类 App 瓷片区 .psd"，如图 4-191 所示。

图 4-191

4.4.3   任务知识

使用"圆角矩形"工具 、"矩形"工具 和"椭圆"工具 绘制形状，使用"置入嵌入对象"命令置入图片和图标，使用创建剪贴蒙版组合键调整图片显示区域，使用"渐变叠加"命令和"颜色叠加"命令添加效果，使用"横排文字"工具 输入文字。"图层样式"

对话框如图 4-192 所示。

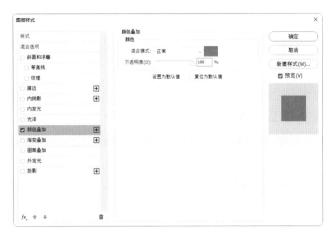

图 4-192

4.4.4　任务实施

（1）打开 Photoshop，按 Ctrl+N 组合键，弹出"新建文档"对话框，将宽度设置为 750 像素，高度设置为 360 像素，分辨率设置为 72 像素 / 英寸，背景内容设置为白色，如图 4-193 所示。单击"创建"按钮，完成文档的新建。

图 4-193

（2）选择"视图 > 新建参考线版面"命令，弹出"新建参考线版面"对话框，各选项的设置如图 4-194 所示。单击"确定"按钮，完成参考线版面的创建，效果如图 4-195 所示。

图 4-194

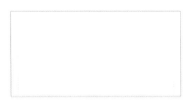

图 4-195

（3）选择"圆角矩形"工具 ▢ ，在属性栏的"选择工具模式"选项中选择"形状"，将"填充"颜色设置为黑色，将"描边"颜色设置为无，将"半径"选项设置为 12 像素。在图像窗口中适当的位置绘制一个圆角矩形，"图层"控制面板中将生成新的形状图层"圆角矩形 1"。选择"窗口 > 属性"命令，弹出"属性"面板，各选项的设置如图 4-196 所示。按 Enter 键确定操作，效果如图 4-197 所示。

图 4-196

图 4-197

（4）按 Ctrl+J 组合键，复制"圆角矩形 1"图层，"图层"控制面板中将生成新的形状图层"圆角矩形 1 拷贝"。单击"圆角矩形 1 拷贝"图层左侧的眼睛图标 ◉ ，隐藏该图层，并选中"圆角矩形 1"图层，如图 4-198 所示。

（5）选择"文件 > 置入嵌入对象"命令，弹出"置入嵌入的对象"对话框。选择云盘中的"Ch04 > 任务 4.4 设计旅游类 App 瓷片区 > 素材 > 01"文件，单击"置入"按钮，将图片置入图像窗口中，"图层"控制面板中将生成新的图层，将其重命名为"图片 1"。将图片拖曳到适当的位置并调整其大小，按 Enter 键确定操作。按 Alt+Ctrl+G 组合键，为"图片 1"图层创建剪贴蒙版，效果如图 4-199 所示。

图 4-198

图 4-199

（6）在"图层"控制面板中选中"圆角矩形 1 拷贝"图层，单击该图层左侧的空白区域 ▢ ，显示该图层。单击"图层"控制面板下方的"添加图层样式"按钮 *fx* ，在弹出的菜单中选择"渐变叠加"命令，弹出"图层样式"对话框。单击"渐变"选项右侧的"点按可编辑渐变"按钮 ▉▉▉▉ ，弹出"渐变编辑器"对话框，设置两个色标的"位置"选项分别为0、100，设置两个色标颜色的RGB值分别为0（1、206、149）、100（4、219、64），如图4-200所示。单击"确定"按钮，返回到"图层样式"对话框，其他选项的设置如图4-201所示。单击"确定"按钮，效果如图4-202所示。设置"圆角矩形1拷贝"图层的"不透明度"选项为35%，效果如图4-203所示。按Alt+Ctrl+G组合键，为图层创建剪贴蒙版。

图4-200

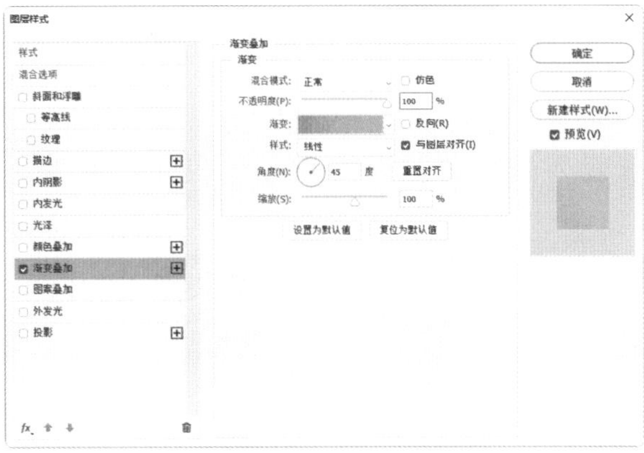

图4-201

图4-202

图4-203

（7）选择"横排文字"工具 T.，在适当的位置输入需要的文字并选中文字，"图层"控制面板中将生成新的文字图层。选择"窗口 > 字符"命令，弹出"字符"控制面板，将"颜色"设置为白色，其他选项的设置如图4-204所示。按Enter键确定操作，效果如图4-205所示。

图4-204

图4-205

（8）选择"矩形"工具 □.，在属性栏中将"填充"颜色的RGB值设置为（254、186、2），将"描边"颜色设置为无。在图像窗口中适当的位置绘制一个矩形，"图层"控制面板中将生成新的形状图层"矩形1"。在"属性"面板中进行设置，如图4-206所示。按Enter键确定操作，效果如图4-207所示。

图 4-206

图 4-207

（9）选择"直接选择"工具 ，选中矩形右下角的锚点，按住 Shift 键的同时，将其向左拖曳到适当的位置，效果如图 4-208 所示。使用相同的方法再次绘制一个矩形并调整锚点，效果如图 4-209 所示，"图层"控制面板中将生成新的形状图层"矩形 2"。

图 4-208

图 4-209

（10）选择"圆角矩形"工具 ，在属性栏中将"半径"选项设置为 16 像素。在图像窗口中适当的位置绘制一个圆角矩形，"图层"控制面板中将生成新的形状图层"圆角矩形 2"。在属性栏中将"填充"颜色的 RGB 值设置为（1、139、241），在"属性"面板中进行设置，如图 4-210 所示。按 Enter 键确定操作，效果如图 4-211 所示。

图 4-210

图 4-211

（11）选择"椭圆"工具 ，按住 Shift 键的同时，在图像窗口中适当的位置绘制一个圆形，"图层"控制面板中将生成新的形状图层"椭圆 1"。在属性栏中将"填充"颜色设置为白色，在"属性"面板中进行设置，如图 4-212 所示。按 Enter 键确定操作，效果如图 4-213 所示。

图 4-212

图 4-213

（12）在 iconfont 官网中下载需要的图标，选择"文件 > 置入嵌入对象"命令，弹出"置入嵌入的对象"对话框。选择云盘中的"Ch04 > 任务 4.4 设计旅游类 App 瓷片区 > 素材 > 02"文件，单击"置入"按钮，将图标置入图像窗口中，"图层"控制面板中将生成新的图层，将其重命名为"位置"。将图标拖曳到适当的位置并调整其大小，按 Enter 键确定操作。在"属性"面板中进行设置，如图 4-214 所示。按 Enter 键确定操作，效果如图 4-215 所示。

图 4-214

图 4-215

（13）单击"图层"控制面板下方的"添加图层样式"按钮 fx.，在弹出的菜单中选择"颜色叠加"命令，弹出"图层样式"对话框，设置叠加颜色的 RGB 值为（1、139、241），其他选项的设置如图 4-216 所示。单击"确定"按钮，效果如图 4-217 所示。

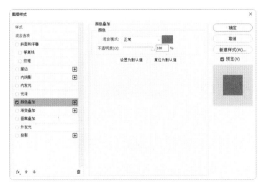

图 4-216

图 4-217

（14）选择"横排文字"工具 T.，在适当的位置输入需要的文字并选中文字，"图层"控制面板中将生成新的文字图层。在"字符"面板中进行设置，将"颜色"设置为白色，其他选项的设置如图 4-218 所示。按 Enter 键确定操作，效果如图 4-219 所示。

图 4-218

图 4-219

（15）使用相同的方法再次输入文字，"图层"控制面板中将生成新的文字图层。在"字符"面板中进行设置，如图 4-220 所示，按 Enter 键确定操作，效果如图 4-221 所示。按住 Shift 键的同时，单击"圆角矩形 1"图层，将需要的图层同时选中。按 Ctrl+G 组合键，群组图层并将其重命名为"旅游度假"，如图 4-222 所示。

图 4-220　　　　　　　　图 4-221　　　　　　　　图 4-222

（16）选择"视图 > 新建参考线"命令，弹出"新建参考线"对话框，分别在 364 像素和 386 像素的位置新建垂直参考线，具体设置如图 4-223 和图 4-224 所示，单击"确定"按钮，完成参考线的创建，效果如图 4-225 所示。

图 4-223　　　　　　　　图 4-224　　　　　　　　图 4-225

（17）选择"圆角矩形"工具 ，在属性栏中将"填充"颜色设置为黑色，将"描边"颜色设置为无，将"半径"选项设置为 12 像素。在图像窗口中适当的位置绘制一个圆角矩形，"图层"控制面板中将生成新的形状图层"圆角矩形 3"。在"属性"面板中进行设置，如图 4-226 所示。按 Enter 键确定操作，效果如图 4-227 所示。

图 4-226　　　　　　　　　　　　图 4-227

（18）按 Ctrl+J 组合键，复制"圆角矩形 3"图层，"图层"控制面板中将生成新的形状图层"圆角矩形 3 拷贝"，单击该图层左侧的眼睛图标 ，隐藏该图层，并选中"圆角矩形 3"图层，如图 4-228 所示。

（19）选择"文件 > 置入嵌入对象"命令，弹出"置入嵌入的对象"对话框。选择云盘中的"Ch04 > 任务 4.4 设计旅游类 App 瓷片区 > 素材 > 03"文件，单击"置入"按钮，将图片置入图像窗口中，"图层"控制面板中将生成新的图层，将其重命名为"图片 2"。将图片拖曳到适当的位置并调整其大小，按 Enter 键确定操作。按 Alt+Ctrl+G 组合键，为"图片 2"图层创建剪贴蒙版，效果如图 4-229 所示。

图 4-228

图 4-229

（20）在"图层"控制面板中选中"圆角矩形 3 拷贝"图层，单击该图层左侧的空白区域，显示该图层。单击"图层"控制面板下方的"添加图层样式"按钮 fx，在弹出的菜单中选择"渐变叠加"命令，弹出"图层样式"对话框。单击"渐变"选项右侧的"点按可编辑渐变"按钮，弹出"渐变编辑器"对话框，设置两个色标的"位置"选项分别为 0、100，设置两个色标颜色的 RGB 值分别为 0（50、204、188）、100（144、247、236），如图 4-230 所示。单击"确定"按钮，返回到"图层样式"对话框，其他选项的设置如图 4-231 所示，单击"确定"按钮，效果如图 4-232 所示。设置"圆角矩形 3 拷贝"图层的"不透明度"选项为 35%，效果如图 4-233 所示。按 Alt+Ctrl+G 组合键，为图层创建剪贴蒙版。

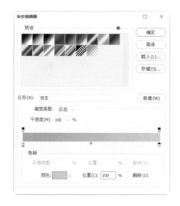

图 4-230

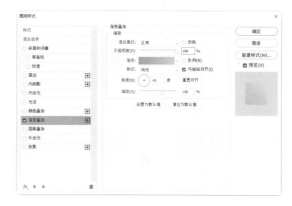

图 4-231

图 4-232

图 4-233

（21）选择"横排文字"工具 **T**，在适当的位置输入需要的文字并选中文字，"图层"控制面板中将生成新的文字图层。在"字符"面板中，将"颜色"设置为白色，其他选项的设置如图 4-234 所示。按 Enter 键确定操作，效果如图 4-235 所示。

图 4-234　　　　　　　　　　　图 4-235

（22）选择"圆角矩形"工具 ▭，在属性栏中将"填充"颜色的 RGB 值设置为（25、213、162），将"描边"颜色设置为无，将"半径"选项设置为 16 像素。在图像窗口中适当的位置绘制一个圆角矩形，"图层"控制面板中将生成新的形状图层"圆角矩形 4"。在"属性"面板中进行设置，如图 4-236 所示。按 Enter 键确定操作，效果如图 4-237 所示。

图 4-236　　　　　　　　　　　图 4-237

（23）选择"椭圆"工具 ○，按住 Shift 键的同时，在图像窗口中适当的位置绘制一个圆形，"图层"控制面板中将生成新的形状图层"椭圆 2"。在属性栏中将"填充"颜色设置为白色，在"属性"面板中进行设置，如图 4-238 所示。按 Enter 键确定操作，效果如图 4-239 所示。

图 4-238　　　　　　　　　　　图 4-239

（24）选择"文件 > 置入嵌入对象"命令，弹出"置入嵌入的对象"对话框。选择云盘中的"Ch04 > 任务 4.4 设计旅游类 App 瓷片区 > 素材 > 04"文件，单击"置入"按钮，将图标置入图像窗口中，"图层"控制面板中将生成新的图层，将其重命名为"行程"。将图标拖曳到适当的位置并调整其大小，按 Enter 键确定操作。在"属性"面板中进行设置，如图 4-240 所示。按 Enter 键确定操作，效果如图 4-241 所示。

图 4-240　　　　　　　　　　图 4-241

（25）单击"图层"控制面板下方的"添加图层样式"按钮 *fx*，在弹出的菜单中选择"颜色叠加"命令，弹出"图层样式"对话框，设置叠加颜色的 RGB 值为（25、213、162），其他选项的设置如图 4-242 所示。单击"确定"按钮，效果如图 4-243 所示。

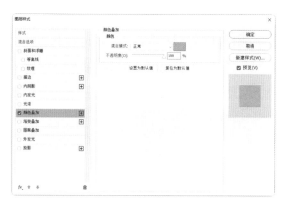

图 4-242　　　　　　　　　　图 4-243

（26）选择"横排文字"工具 *T*，在适当的位置输入需要的文字并选中文字，"图层"控制面板中将生成新的文字图层。在"字符"面板中进行设置，将"颜色"设置为白色，其他选项的设置如图 4-244 所示。按 Enter 键确定操作，效果如图 4-245 所示。

（27）在"图层"控制面板中，按住 Shift 键的同时单击"圆角矩形 3"图层，将需要的图层同时选中。按 Ctrl+G 组合键，群组图层并将其重命名为"出境游"，如图 4-246 所示。

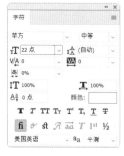

图 4-244　　　　　　　　图 4-245　　　　　　　　图 4-246

（28）选择"视图 > 新建参考线"命令，弹出"新建参考线"对话框，分别在 168 像素和 192 像素的位置新建水平参考线，具体设置如图 4-247 和图 4-248 所示，单击"确定"按钮，完成参考线的创建，效果如图 4-249 所示。

图 4-247　　　　　　　　　图 4-248　　　　　　　　　图 4-249

（29）使用上述方法制作"亲子游"图层组，如图 4-250 所示，效果如图 4-251 所示。在"图层"控制面板中，按住 Shift 键的同时，单击"旅游度假"图层组，将需要的图层组同时选中。按 Ctrl+G 组合键，群组图层组并将其重命名为"瓷片区"，如图 4-252 所示。旅游类 App 瓷片区设计完成。

图 4-250　　　　　　　　　图 4-251　　　　　　　　　图 4-252

任务 4.5　项目演练——设计电商类 App 标签栏

4.5.1　任务引入

微课

设计电商类 App
标签栏

本任务要求读者使用 Illustrator 和 Photoshop 绘制电商类 App 标签栏，从而掌握标签栏的设计要点与制作方法。

4.5.2　设计理念

在设计时，App 标签栏以线性图标 + 文字的方式进行呈现；标签栏背景选择白色，风格简洁干净；图标选择茶色和灰色两种颜色，以区分选中和未选中状态；购物车图标右上角设置内含数字的红色圆形图案，表示商品数量。最终效果参看"云盘 /Ch04/ 任务 4.5 项目演练——设计电商类 App 标签栏 / 效果 / 任务 4.5 项目演练——设计电商类 App 标签栏 .psd"，如图 4-253 所示。

图 4-253

任务 4.6 项目演练——设计餐饮类 App 标签栏

4.6.1 任务引入

微课

设计餐饮类 App 标签栏

本任务要求读者使用 Illustrator 和 Photoshop 绘制餐饮类 App 标签栏，从而掌握标签栏的设计要点与制作方法。

4.6.2 设计理念

在设计时，App 标签栏以面性图标 + 文字的方式进行呈现；标签栏背景选择白色，以突出功能图标；图标选择橙色渐变色和灰色两种颜色，以区分选中和未选中状态；在发现图标右上角设置内含数字的红色圆形图案，表示信息、数量；文字颜色与图标颜色一致。最终效果参看"云盘 /Ch04/ 任务 4.6 项目演练——设计餐饮类 App 标签栏 / 效果 / 任务 4.6 项目演练——设计餐饮类 App 标签栏 .psd"，如图 4-254 所示。

图 4-254

项目5

打造生动的页面——UI页面设计

05

页面设计是UI设计中最重要的部分，页面设计是涉及版面布局、颜色搭配等内容的综合性工作。本项目对闪屏页、引导页、首页、个人中心页、详情页以及注册登录页等常用页面的设计进行系统的知识讲解与演练操作。通过本项目的学习，读者将对UI页面设计有一个基本的认识，并掌握制作常用UI页面的规范和方法。

学习引导

知识目标

- 掌握 UI 页面的设计规则
- 了解 UI 页面的类型

能力目标

- 了解 UI 页面的设计思路
- 掌握 UI 页面的制作方法

实训项目

- 设计旅游类 App 闪屏页
- 设计旅游类 App 引导页
- 设计旅游类 App 首页
- 设计旅游类 App 个人中心页

素养目标

- 培养 UI 页面设计规范意识
- 拓宽对 UI 页面的设计思路

相关知识：UI 页面的类型

1 闪屏页

闪屏页又称"启动页"，是用户点击 App 应用图标后，预先加载的一张图片。闪屏页会直接影响用户对 App 的第一印象，是情感化设计的重要组成部分，具有突出产品、展示营销活动内容等作用。闪屏页可以细分为品牌推广型、活动广告型、节日关怀型，如图 5-1 所示。

（a）品牌推广型　　　　　（b）活动广告型　　　　　（c）节日关怀型

图 5-1

2 引导页

引导页是用户第一次打开 App 或经过更新后，打开 App 时看到的一组图片，通常由 3～5 页组成。引导页可以在用户使用 App 之前，提前帮助用户快速了解 App 的主要功能和特点，具有引导操作、讲解功能的作用。引导页可以细分为功能说明型和产品推广型，如图 5-2 和图 5-3 所示。

图 5-2

图 5-3

❸ 首页

首页又称"起始页"，是用户正式使用 App 的第一页。首页承担着流量分发、行为转化的作用，是展现产品气质的关键页面。首页可以细分为列表型、网格型、卡片型、综合型，如图 5-4 所示。

（a）列表型   （b）网格型   （c）卡片型   （d）综合型

图 5-4

❹ 个人中心页

个人中心页是展示个人信息的页面，主要由头像和信息内容等组成，具有功能集中、信息集中的特点，如图 5-5 所示。

图 5-5

5 详情页

详情页是展示产品详细信息，让用户产生消费心理的页面，具有展示产品、流量转化的作用。详情页的内容比较丰富，以图文信息为主，如图 5-6 所示。

图 5-6

6 注册登录页

注册登录页是电商类、社交类等功能丰富的 App 的必要页面，具有推广产品、深度关联的作用。注册登录页的设计应直观简洁，并提供第三方账号登录方式。国内常见的第三方账号有微博、微信、QQ 等，如图 5-7 所示。

图 5-7

任务 5.1 设计旅游类 App 闪屏页

微课

设计旅游类 App
闪屏页

5.1.1 任务引入

本任务要求读者使用 Photoshop 设计旅游类 App 闪屏页，从而掌握闪屏页的设计要点与制作方法。

5.1.2 设计理念

在设计时，App 闪屏页以整幅旅游类图片为背景，突出页面的整体性和 App 的功能；将 App 的 Logo 和名称放置在页面中部，主题鲜明，令人印象深刻。最终效果参看"云盘 /Ch05/ 任务 5.1 设计旅游类 App 闪屏页 / 效果 / 任务 5.1 设计旅游类 App 闪屏页 .psd"，如图 5-8 所示。

图 5-8

5.1.3 任务知识

使用"置入嵌入对象"命令置入图片；使用"颜色叠加"命令添加效果。

5.1.4 任务实施

（1）打开 Photoshop，按 Ctrl+N 组合键，弹出"新建文档"对话框，将宽度设置为 750 像素，高度设置为 1624 像素，分辨率设置为 72 像素 / 英寸，背景内容设置为白色，如图 5-9 所示。单击"创建"按钮，完成文档的新建。

（2）选择"文件 > 置入嵌入对象"命令，弹出"置入嵌入的对象"对话框。选择云盘中的"Ch05 > 任务 5.1 设计旅游类 App 闪屏页 > 素材 > 01"文件，单击"置入"按钮，将图片置入图像窗口中，"图层"控制面板中将生成新的图层，将其重命名为"背景图"。按 Enter 键确定操作，效果如图 5-10 所示。

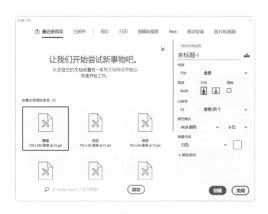

图 5-9

图 5-10

（3）选择"视图 > 新建参考线版面"命令，弹出"新建参考线版面"对话框，各选项的设置如图 5-11 所示。单击"确定"按钮，完成参考线版面的创建，效果如图 5-12 所示。

（4）选择"文件 > 置入嵌入对象"命令，弹出"置入嵌入的对象"对话框。选择云盘中的"Ch05 > 任务 5.1 设计旅游类 App 闪屏页 > 素材 > 02"文件，单击"置入"按钮，将图片置入图像窗口中，"图层"控制面板中将生成新的图层，并将其重命名为"状态栏"。

将图片拖曳到适当的位置，按 Enter 键确定操作。

图 5-11

图 5-12

（5）单击"图层"控制面板下方的"添加图层样式"按钮 *fx.*，在弹出的菜单中选择"颜色叠加"命令，弹出"图层样式"对话框，设置叠加颜色为白色，其他选项的设置如图 5-13 所示。单击"确定"按钮，效果如图 5-14 所示。

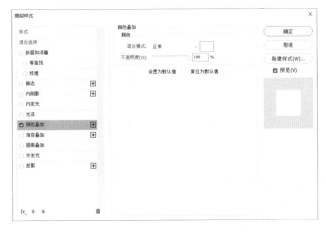

图 5-13

图 5-14

（6）选择"文件 > 置入嵌入对象"命令，弹出"置入嵌入的对象"对话框。选择云盘中的"Ch05 > 任务 5.1 设计旅游类 App 闪屏页 > 素材 > 03"文件，单击"置入"按钮，将图片置入图像窗口中，"图层"控制面板中将生成新的图层，将其重命名为"Logo"。将图片拖曳到适当的位置并调整其大小，按 Enter 键确定操作。选择"窗口 > 属性"命令，弹出"属性"控制面板，在其中进行设置，如图 5-15 所示。按 Enter 键确定操作，效果如图 5-16 所示。

（7）选择"文件 > 置入嵌入对象"命令，弹出"置入嵌入的对象"对话框。选择云盘中的"Ch05 > 任务 5.1 设计旅游类 App 闪屏页 > 素材 > 04"文件，单击"置入"按钮，将图片置入图像窗口中，"图层"控制面板中将生成新的图层，将其重命名为"Home Indicator"。将图片拖曳到适当的位置，按 Enter 键确定操作。将该图层的"不透明度"选项设置为 60%，如图 5-17 所示，效果如图 5-18 所示。旅游类 App 闪屏页设计完成。

图 5-15   图 5-16   图 5-17   图 5-18

任务 5.2   设计旅游类 App 引导页

5.2.1   任务引入

本任务要求读者使用 Photoshop 设计旅游类 App 引导页，从而掌握引导页的设计要点与制作方法。

5.2.2   设计理念

在设计时，App 引导页以三幅风景图片的形式呈现，使页面具有连贯性，也能突出 App 的功能；图片中的文字选择白色，和优美的景色融为一体，不显突兀；图片滑动以简洁的数字和箭头标识；在第 3 幅图片中设置一个椭圆形"开始"按钮，提升用户正式开启 App 功能。最终效果参看"云盘 /Ch05/ 任务 5.2 设计旅游类 App 引导页 / 效果 / 任务 5.2 设计旅游类 App 引导页 1 ~ 3.psd"，如图 5-19 所示。

微课
设计旅游类 App
引导页 1

微课
设计旅游类 App
引导页 2

微课
设计旅游类 App
引导页 3

图 5-19

5.2.3 任务知识

使用"置入嵌入对象"命令置入图片和图标，使用"渐变叠加"命令和"颜色叠加"命令添加效果，使用"横排文字"工具 T.输入文字。

5.2.4 任务实施

（1）打开 Photoshop，按 Ctrl+N 组合键，弹出"新建文档"对话框，将宽度设置为 750 像素，高度设置为 1624 像素，分辨率设置为 72 像素 / 英寸，背景内容设置为白色，如图 5-20 所示。单击"创建"按钮，完成文档的新建。

（2）选择"文件 > 置入嵌入对象"命令，弹出"置入嵌入的对象"对话框。选择云盘中的"Ch05 > 任务 5.2 设计旅游类 App 引导页 > 素材 > 01"文件，单击"置入"按钮，将图片置入图像窗口中，"图层"控制面板中将生成新的图层，将其重命名为"背景图"。拖曳图片到适当的位置并调整其大小，按 Enter 键确定操作，效果如图 5-21 所示。

（3）单击"图层"控制面板下方的"创建新图层"按钮 ◻，"图层"控制面板中将生成新的图层"图层 1"。将前景色设置为黑色，按 Alt+Delete 组合键为"图层 1"填充前景色，如图 5-22 所示。

图 5-20

图 5-21

图 5-22

（4）单击"图层"控制面板下方的"添加图层样式"按钮 fx.，在弹出的菜单中选择"渐变叠加"命令，弹出"图层样式"对话框。单击"渐变"选项右侧的"点按可编辑渐变"按钮 ◼▭ ，弹出"渐变编辑器"对话框，设置两个色标的"位置"选项分别为 0、100，设置两个色标的颜色均为黑色，设置两个色标的"不透明度"选项分别为 30、0，如图 5-23 所示。单击"确定"按钮，返回到"图层样式"对话框，其他选项的设置如图 5-24 所示。单击"确定"按钮，效果如图 5-25 所示。

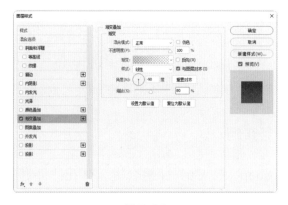

图 5-23 　　　　　　　　　 图 5-24 　　　　　　　　　 图 5-25

（5）选择"视图 > 新建参考线版面"命令，弹出"新建参考线版面"对话框，选项的设置如图 5-26 所示。单击"确定"按钮，完成参考线版面的创建，效果如图 5-27 所示。

（6）选择"文件 > 置入嵌入对象"命令，弹出"置入嵌入的对象"对话框。选择云盘中的"Ch05 > 任务 5.2 设计旅游类 App 引导页 > 素材 > 02"文件，单击"置入"按钮，将图片置入图像窗口中，"图层"控制面板中将生成新的图层，将其重命名为"状态栏"。将图片拖曳到适当的位置。按 Enter 键确定操作，效果如图 5-28 所示。

图 5-26 　　　　　　　　　 图 5-27 　　　　　　　　　 图 5-28

（7）单击"图层"控制面板下方的"添加图层样式"按钮 *fx*，在弹出的菜单中选择"颜色叠加"命令，弹出"图层样式"对话框，设置叠加颜色为白色，其他选项的设置如图 5-29 所示。单击"确定"按钮，效果如图 5-30 所示。

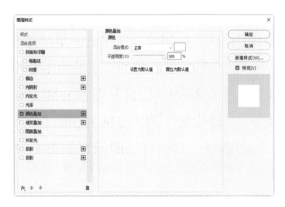

图 5-29 　　　　　　　　　　　　　　　　　 图 5-30

（8）选择"视图 > 新建参考线"命令，弹出"新建参考线"对话框，各选项的设置如图 5-31 所示。单击"确定"按钮，完成参考线的创建，效果如图 5-32 所示。

（9）选择"文件 > 置入嵌入对象"命令，弹出"置入嵌入的对象"对话框。选择云盘中的"Ch05 > 设计旅游类 App 引导页 > 素材 > 03"文件，单击"置入"按钮，将图标置入图像窗口中，"图层"控制面板中将生成新的图层，将其重命名为"关闭"。拖曳图标到适当的位置并调整其大小，按 Enter 键确定操作，效果如图 5-33 所示。

图 5-31　　　　　　图 5-32　　　　　　图 5-33

（10）按 Ctrl+G 组合键，群组图层并将其重命名为"导航栏"，如图 5-34 所示。选择"横排文字"工具 T.，在适当的位置输入需要的文字并选中文字，"图层"控制面板中将生成新的文字图层。选择"窗口 > 字符"命令，弹出控制面板，将"颜色"设置为白色，其他选项的设置如图 5-35 所示。按 Enter 键确定操作，效果如图 5-36 所示。

图 5-34　　　　　　图 5-35　　　　　　图 5-36

（11）使用相同的方法，再次在适当的位置输入需要的文字并选中文字，"图层"控制面板中将生成新的文字图层。在"字符"控制面板中，将"颜色"设置为白色，其他选项的设置如图 5-37 所示。按 Enter 键确定操作，效果如图 5-38 所示。

图 5-37　　　　　　　　　　　　　　图 5-38

（12）按 Ctrl+O 组合键，打开云盘中的"Ch03 > 任务 3.5 设计旅游类 App 页面控件 >

效果 > 任务 3.5 设计旅游类 App 页面控件 .psd"文件。在"图层"控制面板中，按住 Shift 键的同时单击"01"文字图层，将需要的图层同时选中。选择"移动"工具 ⊕ ，将选中的图层拖曳到图像窗口中适当的位置，如图 5-39 所示，效果如图 5-40 所示。

图 5-39　　　　　　　　　　　　　　　　　图 5-40

（13）按住 Shift 键的同时单击"说走就走……的期盼！"文字图层，将需要的图层同时选中。按 Ctrl+G 组合键，群组图层并将其重命名为"内容区"，如图 5-41 所示。

（14）选择"文件 > 置入嵌入对象"命令，弹出"置入嵌入的对象"对话框。选择云盘中的"Ch05 > 任务 5.2 设计旅游类 App 引导页 > 素材 > 06"文件，单击"置入"按钮，将图片置入图像窗口中，"图层"控制面板中将生成新的图层，将其重命名为"Home Indicator"，如图 5-42 所示。将图片拖曳到适当的位置，按 Enter 键确定操作，效果如图 5-43 所示。

图 5-41　　　　　　　　　　图 5-42　　　　　　　　　　图 5-43

（15）按 Ctrl+S 组合键，弹出"另存为"对话框，将文件命名为"任务 5.2 设计旅游类 App 引导页 1"，保存为 PSD 格式。单击"保存"按钮，弹出"Photoshop 格式选项"对话框，单击"确定"按钮，将文件保存。

（16）使用上述方法，设计"旅游类 App 引导页 2"和"旅游类 App 引导页 3"，效果如图 5-44 和图 5-45 所示。旅游类 App 引导页设计完成。

图 5-44   图 5-45

任务 5.3　设计旅游类 App 首页

5.3.1　任务引入

本任务要求读者使用 Photoshop 设计旅游类 App 首页，从而掌握首页的设计要点与制作方法。

5.3.2　设计理念

在设计时，在 App 首页设置搜索栏、Banner、金刚区、瓷片区及标签栏等模块，能够满足用户的多种需求；各模块设计风格保持一致，贴合旅游主题。最终效果参看"云盘 /Ch05/任务 5.3 设计旅游类 App 首页 / 效果 / 任务 5.3 设计旅游类 App 首页 .psd"，如图 5-46 所示。

图 5-46

微课

设计旅游类 App
首页 1

微课

设计旅游类 App
首页 2

微课

设计旅游类 App
首页 3

5.3.3　任务知识

使用"圆角矩形"工具 □、"矩形"工具 □ 和"椭圆"工具 ○ 绘制形状，使用"置入嵌入对象"命令置入图片和图标，使用创建剪贴蒙版组合键调整图片显示区域，使用"渐变叠加"命令添加效果，使用"属性"控制面板制作弥散投影，使用"横排文字"工具 T 输入文字。

5.3.4　任务实施

1 制作页面顶部区域

（1）打开 Photoshop，按 Ctrl+N 组合键，弹出"新建文档"对话框，将宽度设置为750 像素，高度设置为 2086 像素，分辨率设置为 72 像素 / 英寸，如图 5-47 所示。单击"创建"按钮，完成文档的新建。

（2）选择"视图 > 新建参考线版面"命令，弹出"新建参考线版面"对话框，各选项的设置如图 5-48 所示。单击"确定"按钮，完成参考线版面的创建。

图 5-47

图 5-48

（3）选择"圆角矩形"工具 □，在属性栏的"选择工具模式"选项中选择"形状"，将"填充"颜色设置为黑色，将"描边"颜色设置为无，将"半径"选项设置为 40 像素。在图像窗口中适当的位置绘制一个圆角矩形，"图层"控制面板中将生成新的形状图层"圆角矩形 1"。选择"窗口 > 属性"命令，弹出"属性"面板，各选项的设置如图 5-49 所示。按 Enter 键确定操作，效果如图 5-50 所示。

（4）选择"文件 > 置入嵌入对象"命令，弹出"置入嵌入的对象"对话框。选择云盘中的"Ch05 > 任务 5.3 设计旅游类 App 首页 > 素材 > 01"文件，单击"置入"按钮，将图片置入图像窗口中，"图层"控制面板中将生成新的图层，将其重命名为"底图"。将图片拖曳到适当的位置，按 Enter 键确定操作。按 Alt+Ctrl+G 组合键，为图层创建剪贴蒙版，效果如图 5-51 所示。

（5）选择"文件 > 置入嵌入对象"命令，弹出"置入嵌入的对象"对话框。选择云盘中的"Ch05 > 任务 5.3 设计旅游类 App 首页 > 素材 > 02"文件，单击"置入"按钮，将图片置入图像窗口中，"图层"控制面板中将生成新的图层，将其重命名为"树"。将图片拖曳到适当的位置，按 Enter 键确定操作。

图 5-49

图 5-50

图 5-51

（6）单击"图层"控制面板下方的"添加图层样式"按钮 fx，在弹出的菜单中选择"描边"命令，弹出"图层样式"对话框，设置描边颜色为白色，其他选项的设置如图 5-52 所示，单击"确定"按钮。按 Alt+Ctrl+G 组合键，为"树"图层创建剪贴蒙版，效果如图 5-53 所示。

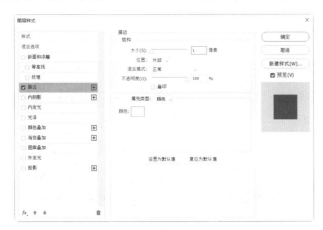
图 5-52

图 5-53

（7）选择"横排文字"工具 T，在适当的位置输入需要的文字并选中文字，"图层"控制面板中将生成新的文字图层。选择"窗口 > 字符"命令，弹出"字符"控制面板，将"颜色"设置为白色，其他选项的设置如图 5-54 所示，按 Enter 键确定操作。选中文字"6"，在"字符"控制面板中进行设置，效果如图 5-55 所示。

（8）按 Ctrl+J 组合键，复制文字图层，"图层"控制面板中将生成新的文字图层"景点门票 6 折起 拷贝"。选择"横排文字"工具 T，删除不需要的文字，并调整文字的位置，效果如图 5-56 所示。在"图层"控制面板中将文字图层的"填充"选项设置为 0%。

（9）单击"图层"控制面板下方的"添加图层样式"按钮 fx，在弹出的菜单中选择"描边"命令，弹出"图层样式"对话框，设置描边颜色为白色，其他选项的设置如图 5-57 所示。

单击"确定"按钮，效果如图 5-58 所示。

图 5-54　　　　　　　　　　图 5-55　　　　　　　　　　图 5-56

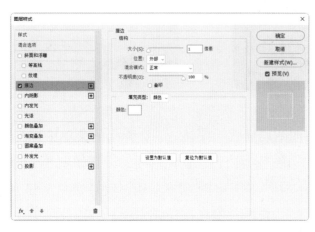

图 5-57　　　　　　　　　　　　　　　　　　　　图 5-58

（10）选择"圆角矩形"工具 ，在属性栏中将"填充"颜色设置为白色，将"描边"颜色设置为无，将"半径"选项设置为 4 像素。在图像窗口中适当的位置绘制一个圆角矩形，效果如图 5-59 所示，"图层"控制面板中将生成新的形状图层"圆角矩形 2"。

（11）单击"图层"控制面板下方的"添加图层样式"按钮 ，在弹出的菜单中选择"渐变叠加"命令，弹出"图层样式"对话框。单击"渐变"选项右侧的"点按可编辑渐变"按钮 ，弹出"渐变编辑器"对话框，设置两个色标的"位置"选项分别为 0、100，设置两个色标颜色的 RGB 值分别为 0（255、137、51）、100（250、175、137），如图 5-60 所示。

图 5-59　　　　　　　　　　　　　　图 5-60

（12）单击"确定"按钮，返回到"图层样式"对话框，其他选项的设置如图 5-61 所示。选择对话框左侧的"描边"选项，切换到对应的界面，设置描边颜色的 RGB 值为（255、248、234），其他选项的设置如图 5-62 所示，单击"确定"按钮。

（13）选择"横排文字"工具 T.，在适当的位置输入需要的文字并选中文字，"图层"控制面板中将生成新的文字图层。在"字符"控制面板中将"颜色"设置为白色，并设置合适的字体和字号，按 Enter 键确定操作，效果如图 5-63 所示。

（14）选择"钢笔"工具 ⌀.，在属性栏中将"填充"颜色设置为无，将"描边"颜色设置为白色，将"粗细"选项设置为 1 像素，在适当的位置绘制一条不规则曲线，效果如图 5-64 所示，"图层"控制面板中将生成新的形状图层"形状 1"。使用相同的方法绘制多条曲线，效果如图 5-65 所示，"图层"控制面板中将分别生成新的形状图层。

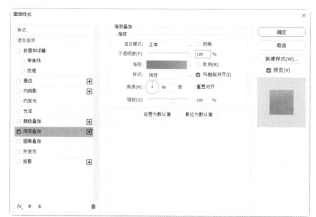
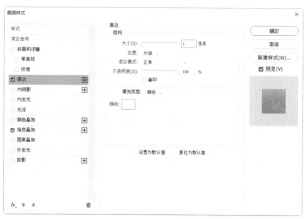

图 5-61　　　　　　　　　　　　　　　　　　　　　　图 5-62

图 5-63　　　　　　　　　　　图 5-64　　　　　　　　　　　图 5-65

（15）按住 Shift 键的同时单击"形状 1"图层，将需要的图层同时选中。按 Ctrl+G 组合键，群组图层并将其重命名为"装饰"，如图 5-66 所示。按住 Shift 键的同时单击"圆角矩形 1"图层，将需要的图层同时选中。按 Ctrl+G 组合键，群组图层并将其重命名为"Banner"，如图 5-67 所示。

（16）选择"文件 > 置入嵌入对象"命令，弹出"置入嵌入的对象"对话框。选择云盘中的"Ch05 > 任务 5.3 设计旅游类 App 首页 > 素材 > 03"文件，单击"置入"按钮，将图片置入图像窗口中，"图层"控制面板中将生成新的图层，将其重命名为"状态栏"。将图片拖曳到适当的位置，按 Enter 键确定操作，效果如图 5-68 所示。按 Ctrl+G 组合键，群组图层并将其重命名为"状态栏"。

图 5-66

图 5-67

图 5-68

（17）选择"视图 > 新建参考线"命令，弹出"新建参考线"对话框，各选项的设置如图 5-69 所示。单击"确定"按钮，在距离上方参考线 88 像素的位置新建一条水平参考线，效果如图 5-70 所示。

（18）按 Ctrl+O 组合键，打开云盘中的"Ch05 > 任务 5.3 设计旅游类 App 首页 > 素材 > 04"文件。在"图层"控制面板中，选中"导航栏"图层组，选择"移动"工具 ，将选中的图层组拖曳到图像窗口中适当的位置，效果如图 5-71 所示。

图 5-69

图 5-70

图 5-71

（19）选择"圆角矩形"工具 ，在属性栏中将"填充"颜色设置为白色，将"描边"颜色设置为无，将"半径"选项设置为 6 像素。在图像窗口中适当的位置绘制一个圆角矩形，如图 5-72 所示，"图层"控制面板中将生成新的形状图层"圆角矩形 3"。

（20）选择"椭圆"工具 ，按住 Shift 键的同时，在图像窗口中适当的位置绘制一个圆形，"图层"控制面板中将生成新的形状图层"椭圆 1"。将"椭圆 1"图层的"不透明度"选项设置为 60%，效果如图 5-73 所示。

（21）选择"路径选择"工具 ，按住 Alt+Shift 组合键的同时，选中圆形，在图像窗口中将其水平向右拖曳，复制圆形。使用相同的方法再次复制 3 个圆形，效果如图 5-74 所示。按住 Shift 键的同时，单击"圆角矩形 3"图层，将需要的图层同时选中，按 Ctrl+G 组合键，群组图层并将其重命名为"滑动轴"。

图 5-72

图 5-73

图 5-74

2 制作页面中间区域

（1）选择"视图 > 新建参考线"命令，弹出"新建参考线"对话框，各选项的设置如图 5-75 所示，单击"确定"按钮，在距离上方参考线 208 像素的位置新建一条水平参考线。再次选择"视图 > 新建参考线"命令，弹出"新建参考线"对话框，各选项的设置如图 5-76 所示，在距离上方参考线 96 像素的位置新建一条水平参考线。使用相同的方法在距离上方参考线 24 像素的位置新建一条水平参考线，各选项的设置如图 5-77 所示。分别单击"确定"按钮，完成参考线的创建。

图 5-75　　　　　　　　　　图 5-76　　　　　　　　　　图 5-77

（2）按 Ctrl+O 组合键，打开云盘中的"Ch05 > 任务 5.3 设计旅游类 App 首页 > 素材 > 05"文件。在"图层"控制面板中选中"金刚区"图层组，选择"移动"工具，将选中的图层组拖曳到图像窗口中适当的位置，如图 5-78 所示，效果如图 5-79 所示。

图 5-78　　　　　　　　　　　　　　图 5-79

（3）选择"视图 > 新建参考线"命令，弹出"新建参考线"对话框，各选项的设置如图 5-80 所示，在距离上方参考线 24 像素的位置新建一条水平参考线。使用相同的方法在距离上方参考线 360 像素的位置新建一条水平参考线，各选项的设置如图 5-81 所示。分别单击"确定"按钮，完成参考线的创建。

（4）选择"视图 > 新建参考线"命令，弹出"新建参考线"对话框，各选项的设置如图 5-82 所示。使用相同的方法再次新建一条垂直参考线，各选项的设置如图 5-83 所示。分别单击"确定"按钮，完成参考线的创建。

图 5-80　　　　　　　图 5-81　　　　　　　图 5-82　　　　　　　图 5-83

（5）按 Ctrl+O 组合键，打开云盘中的"Ch05 > 任务 5.3 设计旅游类 App 首页 > 素材 > 06"文件。在"图层"控制面板中选中"瓷片区"图层组，选择"移动"工具 ⊕.，将选中的图层组拖曳到图像窗口中适当的位置，效果如图 5-84 所示。

（6）选择"视图 > 新建参考线"命令，弹出"新建参考线"对话框，各选项的设置如图 5-85 所示，在距离上方参考线 24 像素的位置新建一条水平参考线。使用相同的方法在距离上方参考线 72 像素的位置新建一条水平参考线，各选项的设置如图 5-86 所示。分别单击"确定"按钮，完成参考线的创建。

（7）按 Ctrl+O 组合键，打开云盘中的"Ch05 > 任务 5.3 设计旅游类 App 首页 > 素材 > 07"文件。在"图层"控制面板中选中"分段控件"图层组，选择"移动"工具 ⊕.，将选中的图层组拖曳到图像窗口中适当的位置，修改部分文字后的效果如图 5-87 所示。

图 5-84

图 5-85

图 5-86

（8）选择"视图 > 新建参考线"命令，弹出"新建参考线"对话框，各选项的设置如图 5-88 所示，在距离上方参考线 16 像素的位置新建一条水平参考线。使用相同的方法在距离上方参考线 44 像素的位置新建一条水平参考线，各选项的设置如图 5-89 所示。分别单击"确定"按钮，完成参考线的创建。

图 5-87

图 5-88

图 5-89

（9）选择"圆角矩形"工具 ▢.，在属性栏中将"填充"颜色的 RGB 值设置为（240、242、245），将"描边"颜色设置为无，将"半径"选项设置为 22 像素。在图像窗口中适当的位置绘制一个圆角矩形，如图 5-90 所示，"图层"控制面板中将生成新的形状图层"圆角矩形 5"。

（10）选择"文件 > 置入嵌入对象"命令，弹出"置入嵌入的对象"对话框。选择云盘中的"Ch05 > 任务 5.3 设计旅游类 App 首页 > 素材 > 08"文件，单击"置入"按钮，将图标置入图像窗口中，"图层"控制面板中将生成新的图层，将其重命名为"热门"。将图标拖曳到适当的位置并调整其大小，按 Enter 键确定操作，效果如图 5-91 所示。

（11）选择"横排文字"工具 T.，在适当的位置输入需要的文字并选中文字，"图层"控制面板中将生成新的文字图层。在"字符"控制面板中，将"颜色"的 RGB 值设置为（125、131、140），并设置合适的字体和字号，按 Enter 键确定操作，效果如图 5-92 所示。

图 5-90   图 5-91   图 5-92

（12）按住 Shift 键的同时单击"圆角矩形 5"图层，将需要的图层同时选中。按 Ctrl+G 组合键，群组图层并将其重命名为"火星营地"，如图 5-93 所示。使用相同的方法分别绘制其他形状并输入文字，如图 5-94 所示，效果如图 5-95 所示。

（13）按住 Shift 键的同时单击"火星营地"图层组，将需要的图层组同时选中。按 Ctrl+G 组合键，群组图层组并将其重命名为"热搜"。

图 5-93   图 5-94   图 5-95

3 制作页面底部区域

（1）选择"视图 > 新建参考线"命令，弹出"新建参考线"对话框，各选项的设置如图 5-96 所示，在距离上方参考线 24 像素的位置新建一条水平参考线。单击"确定"按钮，完成参考线的创建，效果如图 5-97 所示。

图 5-96   图 5-97

（2）选择"圆角矩形"工具 ▢.，在属性栏中将"填充"颜色的 RGB 值设置为（199、207、220），将"描边"颜色设置为无，将"半径"选项设置为 10 像素。在图像窗口中适当的位置绘制一个圆角矩形，如图 5-98 所示，"图层"控制面板中将生成新的形状图层"圆角矩形 6"。

（3）选择"文件 > 置入嵌入对象"命令，弹出"置入嵌入的对象"对话框。选择云盘中的"Ch05 > 任务 5.3 设计旅游类 App 首页 > 素材 > 09"文件，单击"置入"按钮，将图片置入图像窗口中，"图层"控制面板中将生成新的图层，将其重命名为"图片1"。将图片拖曳到适当的位置，按 Enter 键确定操作。按 Alt+Ctrl+G 组合键，为该图层创建剪贴蒙版，效果如图 5-99 所示。

（4）选择"圆角矩形"工具 ⬚，在属性栏中将"填充"颜色的 RGB 值设置为（199、207、220），将"描边"颜色设置为无，将"半径"选项设置为 10 像素。在图像窗口中适当的位置绘制一个圆角矩形，如图 5-100 所示，"图层"控制面板中将生成新的形状图层"圆角矩形 7"。

（5）单击"图层"控制面板下方的"添加图层样式"按钮 fx，在弹出的菜单中选择"渐变叠加"命令，弹出"图层样式"对话框。单击"渐变"选项右侧的"点按可编辑渐变"按钮 ，弹出"渐变编辑器"对话框，设置两个色标的"位置"选项分别为 0、100，设置两个色标颜色的 RGB 值分别为 0（251、99、75）、100（251、129、66），如图 5-101 所示。

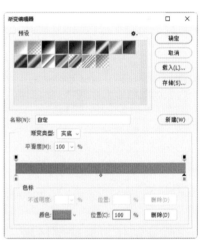

| 图 5-98 | 图 5-99 | 图 5-100 | 图 5-101 |

（6）单击"确定"按钮，返回到"图层样式"对话框。其他选项的设置如图 5-102 所示，单击"确定"按钮。按 Alt+Ctrl+G 组合键，为"圆角矩形 7"图层创建剪贴蒙版，效果如图 5-103 所示。

（7）选择"横排文字"工具 T，在适当的位置输入需要的文字并选中文字，"图层"控制面板中将生成新的文字图层。在"字符"控制面板中将"颜色"设置为白色，并设置合适的字体和字号，按 Enter 键确定操作，效果如图 5-104 所示。

（8）选择"圆角矩形"工具 ⬚，在属性栏中将"填充"颜色设置为白色，将"描边"颜色设置为无，将"半径"选项设置为 10 像素。在图像窗口中适当的位置绘制一个圆角矩形，效果如图 5-105 所示，"图层"控制面板中将生成新的形状图层"圆角矩形 8"。

（9）单击"图层"控制面板下方的"添加图层样式"按钮 fx，在弹出的菜单中选择"渐变叠加"命令，弹出"图层样式"对话框。单击"渐变"选项右侧的"点按可编辑渐变"按钮，弹出"渐变编辑器"对话框，设置两个色标的"位置"选项分别为0、100，设置两个色标颜色的 RGB 值分别为 0（239、103、75）、100（251、129、66），分别设置两个色标的"不透明度"选项 70、0，如图 5-106 所示。单击"确定"按钮，返回到"图层样式"对话框，其他选项的设置如图 5-107 所示，单击"确定"按钮。

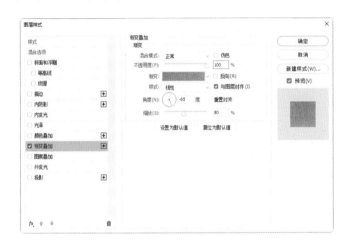

图 5-102

图 5-103

图 5-104

图 5-105

图 5-106

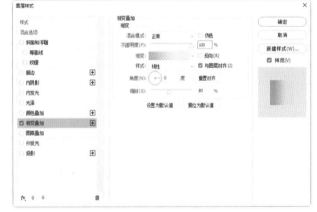

图 5-107

（10）在"图层"控制面板中，将"圆角矩形 8"图层的"填充"选项设置为 4%，如图 5-108 所示，效果如图 5-109 所示。

（11）选择"文件 > 置入嵌入对象"命令，弹出"置入嵌入的对象"对话框。选择云盘中的"Ch05 > 任务 5.3 设计旅游类 App 首页 > 素材 > 10"文件，单击"置入"按钮，将图标置入图像窗口中，"图层"控制面板中将生成新的图层，将其重命名为"位置"。将图标拖曳到适当的位置并调整大小，按 Enter 键确定操作，效果如图 5-110 所示。

（12）选择"横排文字"工具 T.，在适当的位置输入需要的文字并选取文字，"图层"控制面板中将生成新的文字图层。在"字符"控制面板中将"颜色"设置为白色，并设置合适的字体和字号，按 Enter 键确定操作，效果如图 5-111 所示。

图 5-108　　　　　　　图 5-109　　　　　　　图 5-110　　　　　　　图 5-111

（13）选择"圆角矩形"工具 ▢.，在属性栏中将"填充"颜色设置为白色，将"描边"颜色设置为无，将"半径"选项设置为 10 像素。在图像窗口中适当的位置绘制一个圆角矩形，"图层"控制面板中将生成新的形状图层"圆角矩形 9"。在"图层"控制面板中将该图层的"不透明度"选项设置为 80%，如图 5-112 所示，效果如图 5-113 所示。

（14）选择"横排文字"工具 T.，在适当的位置输入需要的文字并选中文字，"图层"控制面板中将生成新的文字图层。在"字符"控制面板中将"颜色"的 RGB 值设置为（52、52、52），并设置合适的字体和字号，按 Enter 键确定操作，效果如图 5-114 所示。

（15）选择"椭圆"工具 ○.，在属性栏中将"填充"颜色设置为黑色，按住 Shift 键的同时，在图像窗口中适当的位置绘制一个圆形，如图 5-115 所示，"图层"控制面板中将生成新的形状图层"椭圆 3"。

图 5-112　　　　　　　图 5-113　　　　　　　图 5-114　　　　　　　图 5-115

（16）选择"文件 > 置入嵌入对象"命令，弹出"置入嵌入的对象"对话框。选择云盘中的"Ch05 > 任务 5.3 设计旅游类 App 首页 > 素材 > 11"文件，单击"置入"按钮，将图片置入图像窗口中，"图层"控制面板中将生成新的图层，将其重命名为"头像"。拖曳图片到适当的位置并调整其大小，按 Enter 键确定操作。按 Alt+Ctrl+G 组合键，为"头像"图层创建剪贴蒙版，效果如图 5-116 所示。

（17）选择"横排文字"工具 T.，在适当的位置分别输入需要的文字并选中文字，"图层"控制面板中将分别生成新的文字图层。在"字符"控制面板中将"颜色"的 RGB 值设置为（80、80、80），并设置合适的字体和字号，按 Enter 键确定操作，效果如图 5-117 所示。

（18）选择"文件 > 置入嵌入对象"命令，弹出"置入嵌入的对象"对话框。选择云盘中的"Ch05 > 任务 5.3 设计旅游类 App 首页 > 素材 > 12"文件，单击"置入"按钮，将图标置入图像窗口中，"图层"控制面板中将生成新的图层，将其重命名为"返回"。将图标拖曳到适当的位置并调整其大小，按 Enter 键确定操作，效果如图 5-118 所示。

图 5-116　　　　　　　　　图 5-117　　　　　　　　　图 5-118

（19）选择"圆角矩形"工具 □，在属性栏中将"填充"颜色的 RGB 值设置为（185、202、206），将"描边"颜色设置为无，将"半径"选项设置为 10 像素。在图像窗口中适当的位置绘制一个圆角矩形，"图层"控制面板中将生成新的形状图层"圆角矩形 10"。在"属性"控制面板中进行设置，如图 5-119 所示，按 Enter 键确定操作。单击"蒙版"按钮 □，各选项的设置如图 5-120 所示，按 Enter 键确定操作，效果如图 5-121 所示。

图 5-119　　　　　　　　　图 5-120　　　　　　　　　图 5-121

（20）在"图层"控制面板中将"圆角矩形 10"图层的"不透明度"选项设置为 60%，并将其拖曳到"圆角矩形 6"图层的下方，如图 5-122 所示，效果如图 5-123 所示。按住 Shift 键的同时单击"返回"图层，将需要的图层同时选中。按 Ctrl+G 组合键，群组图层并将其重命名为"今日榜首"，如图 5-124 所示。

图 5-122　　　　　　　　　图 5-123　　　　　　　　　图 5-124

（21）使用相同的方法分别绘制形状、置入图片并输入文字，图层组如图 5-125 所示，效果如图 5-126 所示。按住 Shift 键的同时单击"今日榜首"图层组，将需要的图层组同时选中。按 Ctrl+G 组合键，群组图层组并将其重命名为"瀑布流"，如图 5-127 所示。

图 5-125　　　　　　　　　图 5-126　　　　　　　　　图 5-127

（22）选择"视图 > 新建参考线"命令，弹出"新建参考线"对话框，各选项的设置如图 5-128 所示，单击"确定"按钮，完成参考线的创建。选择"矩形"工具 □，在属性栏中将"填充"颜色设置为白色，将"描边"颜色设置为无。在图像窗口中适当的位置绘制一个矩形，如图 5-129 所示，"图层"控制面板中将生成新的形状图层"矩形 3"。

（23）按 Ctrl+O 组合键，打开云盘中的"Ch05 > 任务 5.3 设计旅游类 App 首页 > 素材 > 16"文件。在"图层"控制面板中选中"标签栏"图层组，选择"移动"工具 ✛，将选中的图层组拖曳到图像窗口中适当位置，效果如图 5-130 所示。

图 5-128　　　　　　　　　图 5-129　　　　　　　　　图 5-130

（24）选择"矩形"工具 □，在属性栏中将"填充"颜色的 RGB 值设置为（42、42、68），将"描边"颜色设置为无。在图像窗口中适当的位置绘制一个矩形，"图层"控制面板中将生成新的形状图层"矩形 4"。单击"蒙版"按钮 ▣，各选项的设置如图 5-131 所示。按 Enter 键确定操作，效果如图 5-132 所示。

（25）在"图层"控制面板中将"矩形 4"图层的"不透明度"选项设置为 30%，并将其拖曳到"矩形 3"图层的下方，效果如图 5-133 所示。

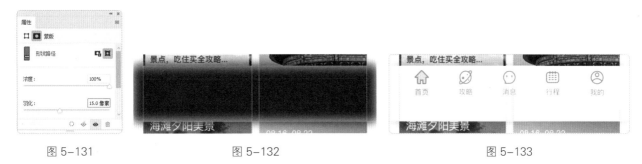

图 5-131　　　　　　　　图 5-132　　　　　　　　图 5-133

（26）展开"标签栏"图层组，选中"矩形 4"图层，按住 Shift 键的同时单击"矩形 3"图层，将需要的图层同时选中，将其拖曳到"首页"图层的下方，如图 5-134 所示。折叠"标签栏"图层组，如图 5-135 所示。

（27）选择"文件 > 置入嵌入对象"命令，弹出"置入嵌入的对象"对话框。选择云盘中的"Ch05 > 任务 5.3 设计旅游类 App 首页 > 素材 > 17"文件，单击"置入"按钮，将图片置入图像窗口中，"图层"控制面板中将生成新的图层，将其重命名为"Home Indicator"。将图片拖曳到适当的位置，按 Enter 键确定操作，效果如图 5-136 所示。旅游类 App 首页设计完成。

图 5-134　　　　　　　　图 5-135　　　　　　　　图 5-136

任务 5.4　设计旅游类 App 个人中心页

5.4.1　任务引入

本任务要求读者使用 Photoshop 设计旅游类 App 个人中心页，从而掌握个人中心页的设计要点与制作方法。

5.4.2　设计理念

在设计时，App 个人中心页的背景选择风景图片，和其他页面风格一致；文字字体选用苹方，符合设计规范；图标选择线性图标和面性图标相结合的方式，使页面形式更丰富；不同的功能区以矩形框进行划分，条理清晰，便于用户操作。最终效果参看"云盘 /Ch05/ 任务 5.4 设计旅游类 App 个人中心页 / 效果 / 任务 5.4 设计旅游类 App 个人中心页 .psd"，如图 5-137 所示。

图 5-137

微课

设计旅游类 App 个人中心页 1

微课

设计旅游类 App 个人中心页 2

5.4.3　任务知识

　　使用"圆角矩形"工具 ▢、"矩形"工具 ▢、"椭圆"工具 ○ 绘制形状，使用"置入嵌入对象"命令置入图片和图标，使用创建剪贴蒙版组合键调整图片显示区域，使用"渐变叠加"命令添加效果，使用"属性"控制面板制作弥散投影，使用"横排文字"工具 T 输入文字。

5.4.4　任务实施

　　（1）打开 Photoshop，按 Ctrl+N 组合键，弹出"新建文档"对话框，将宽度设置为 750 像素，高度设置为 1624 像素，分辨率设置为 72 像素 / 英寸，背景颜色的 RGB 值设置为（249、249、249），如图 5-138 所示。单击"创建"按钮，完成文档的新建。

　　（2）选择"视图 > 新建参考线版面"命令，弹出"新建参考线版面"对话框，各选项的设置如图 5-139 所示。单击"确定"按钮，完成参考线版面的创建。

　　（3）选择"矩形"工具 ▢，在属性栏的"选择工具模式"选项中选择"形状"，将"填充"颜色设置为黑色，将"描边"颜色设置为无。在图像窗口中适当的位置绘制一个矩形，如图 5-140 所示，"图层"控制面板中将生成新的形状图层"矩形 1"。

（4）选择"文件 > 置入嵌入对象"命令，弹出"置入嵌入的对象"对话框。选择云盘中的"Ch05 > 任务 5.4 设计旅游类 App 个人中心页 > 素材 > 01"文件，单击"置入"按钮，将图片置入图像窗口中，"图层"控制面板中将生成新的图层，将其重命名为"底图"。将图片拖曳到适当的位置，按 Enter 键确定操作。按 Alt+Ctrl+G 组合键，为该图层创建剪贴蒙版，效果如图 5-141 所示。

图 5-138

图 5-139

图 5-140

图 5-141

（5）选择"文件 > 置入嵌入对象"命令，弹出"置入嵌入的对象"对话框。选择云盘中的"Ch05 > 任务 5.4 设计旅游类 App 个人中心页 > 素材 > 02"文件，单击"置入"按钮，将图片置入图像窗口中，"图层"控制面板中将生成新的图层，将其重命名为"状态栏"。将图片拖曳到适当的位置，按 Enter 键确定操作。

（6）单击"图层"控制面板下方的"添加图层样式"按钮 fx，在弹出的菜单中选择"颜色叠加"命令，弹出"图层样式"对话框，设置叠加颜色为白色，其他选项的设置如图 5-142 所示。单击"确定"按钮，效果如图 5-143 所示。

（7）选择"视图 > 新建参考线"命令，弹出"新建参考线"对话框，各选项的设置如图 5-144 所示。单击"确定"按钮，在距离上方参考线 88 像素的位置新建一条水平参考线。

（8）选择"文件 > 置入嵌入对象"命令，弹出"置入嵌入的对象"对话框。选择云盘中的"Ch05 > 任务 5.4 设计旅游类 App 个人中心页 > 素材 > 03"文件，单击"置入"按钮，将图标置入图像窗口中，"图层"控制面板中将生成新的图层，将其重命名为"返回"。将图标拖曳到适当的位置并调整其大小，按 Enter 键确定操作。

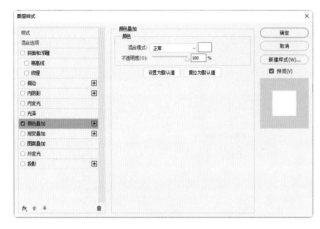

图 5-142   图 5-143

（9）使用相同的方法，分别置入"04"和"05"文件，"图层"控制面板中将分别生成新的图层，将其重命名为"评价"和"更多"。将图标拖曳到适当的位置并调整其大小，按 Enter 键确定操作，效果如图 5-145 所示。

（10）按 Ctrl+O 组合键，打开云盘中的"Ch05 > 任务 5.4 设计旅游类 App 个人中心页 > 素材 > 06"文件。在"图层"控制面板中选中"反馈控件"图层组，选择"移动"工具，将选中的图层组拖曳到图像窗口中适当的位置，效果如图 5-146 所示。按住 Shift 键的同时，单击"返回"图层，将需要的图层同时选中。按 Ctrl+G 组合键，群组图层并将其重命名为"导航栏"。

图 5-144   图 5-145   图 5-146

（11）选择"横排文字"工具，在适当的位置输入需要的文字并选中文字，"图层"控制面板中将生成新的文字图层。选择"窗口 > 字符"命令，弹出控制面板，将"颜色"设置为白色，其他选项的设置如图 5-147 所示。按 Enter 键确定操作，效果如图 5-148 所示。

（12）选择"圆角矩形"工具，在属性栏中将"填充"颜色设置为白色，将"描边"颜色设置为无，将"半径"选项设置为 16 像素。在图像窗口中适当的位置绘制一个圆角矩形，如图 5-149 所示，"图层"控制面板中将生成新的形状图层"圆角矩形 1"。

（13）单击"图层"控制面板下方的"添加图层样式"按钮，在弹出的菜单中选择"渐变叠加"命令，弹出"图层样式"对话框。单击"渐变"选项右侧的"点按可编辑渐变"按钮，弹出"渐变编辑器"对话框，设置两个色标的"位置"选项分别为 0、100，设置两个色标颜色的 RGB 值分别为 0（255、151、1）、100（236、101、25），如图 5-150

所示，设置两个色标的"不透明度"选项分别为 100、30。单击"确定"按钮，返回到"图层样式"对话框，其他选项的设置如图 5-151 所示，单击"确定"按钮。

图 5-147　　　　　　　图 5-148　　　　　　　图 5-149

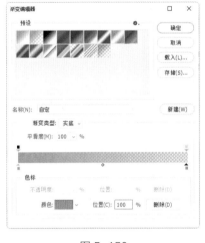

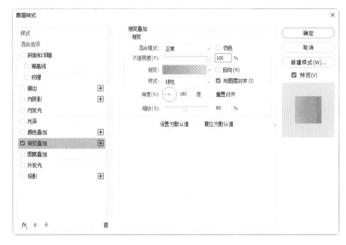

图 5-150　　　　　　　　　　　　　　图 5-151

（14）在"图层"控制面板中，将"圆角矩形 1"图层的"填充"选项设置为 0%，效果如图 5-152 所示。选择"横排文字"工具 T.，在适当的位置输入需要的文字并选中文字，"图层"控制面板中将生成新的文字图层。在"字符"控制面板中将"颜色"设置为白色，并设置合适的字体和字号，按 Enter 键确定操作，效果如图 5-153 所示。

（15）选择"文件 > 置入嵌入对象"命令，弹出"置入嵌入的对象"对话框。选择云盘中的"Ch05 > 任务 5.4 设计旅游类 App 个人中心页 > 素材 > 07"文件，单击"置入"按钮，将图标置入图像窗口中，"图层"控制面板中将生成新的图层，将其重命名为"探索"。将图标拖曳到适当的位置并调整其大小，按 Enter 键确定操作，效果如图 5-154 所示。

图 5-152　　　　　　　图 5-153　　　　　　　图 5-154

（16）按住 Shift 键的同时单击"探索我的旅程"图层，将需要的图层同时选中。按 Ctrl+G 组合键，群组图层并将其重命名为"去探索"。选择"视图 > 新建参考线"命令，弹出"新建参考线"对话框，各选项的设置如图 5-155 所示。单击"确定"按钮，完成参考线的创建。

再次选择"视图 > 新建参考线"命令，弹出"新建参考线"对话框，各选项的设置如图 5-156 所示，在距离上方参考线 24 像素的位置新建一条水平参考线。使用相同的方法在距离上方参考线 244 像素的位置新建一条水平参考线，各选项的设置如图 5-157 所示。分别单击"确定"按钮，完成参考线的创建，效果如图 5-158 所示。

图 5-155

图 5-156

图 5-157

图 5-158

（17）选择"圆角矩形"工具 ▢.，在属性栏中将"填充"颜色设置为白色，将"描边"颜色设置为无，将"半径"选项设置为 10 像素。在图像窗口中适当的位置绘制一个圆角矩形，如图 5-159 所示，"图层"控制面板中将生成新的形状图层"圆角矩形 2"。选择"椭圆"工具 ○.，按住 Shift 键的同时，在图像窗口中适当的位置绘制一个圆形，如图 5-160 所示，"图层"控制面板中将生成新的形状图层"椭圆 1"。

（18）按 Ctrl+J 组合键，复制"椭圆 1"图层，"图层"控制面板中将生成新的形状图层"椭圆 1 拷贝"。按 Ctrl+T 组合键，圆形周围会出现变换框，按住 Alt+Shift 组合键的同时，拖曳右上角的控制手柄等比例缩小圆形，按 Enter 键确定操作，效果如图 5-161 所示。

（19）选择"文件 > 置入嵌入对象"命令，弹出"置入嵌入的对象"对话框。选择云盘中的"Ch05 > 任务 5.4 设计旅游类 App 个人中心页 > 素材 > 08"文件，单击"置入"按钮，将图片置入图像窗口中，"图层"控制面板中将生成新的图层，将其重命名为"头像"。将图片拖曳到适当的位置并调整其大小，按 Enter 键确定操作。按 Alt+Ctrl+G 组合键，为"头像"图层创建剪贴蒙版，效果如图 5-162 所示。

图 5-159

图 5-160

图 5-161

图 5-162

（20）选择"椭圆"工具 ○.，在属性栏中将"填充"颜色的 RGB 值设置为（180、203、213），将"描边"颜色设置为无。按住 Shift 键的同时，在图像窗口中适当的位置绘制一个圆形，"图层"控制面板中将生成新的形状图层"椭圆 2"。在"属性"控制面板中单击"蒙版"按钮 ▣，各选项的设置如图 5-163 所示。按 Enter 键确定操作，效果如图 5-164 所示。

（21）在"图层"控制面板中将"椭圆2"图层的"不透明度"选项设置为70%，并将其拖曳到"椭圆1"图层的下方，效果如图5-165所示。按住Shift键的同时单击"头像"图层，将需要的图层同时选中。按Ctrl+G组合键，群组图层并将其重命名为"头像"，如图5-166所示。

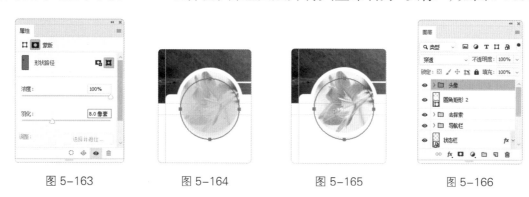

图5-163　　　　　图5-164　　　　　图5-165　　　　　图5-166

（22）选择"横排文字"工具 T.，在适当的位置输入需要的文字并选中文字，"图层"控制面板中将生成新的文字图层。在"字符"控制面板中将"颜色"的RGB值设置为（51、51、51），并设置合适的字体和字号，按Enter键确定操作，效果如图5-167所示。

（23）选择"圆角矩形"工具 □.，在属性栏中将"填充"颜色的RGB值设置为（235、235、235），将"描边"颜色设置为无，将"半径"选项设置为4像素。在图像窗口中适当的位置绘制一个圆角矩形，"图层"控制面板中将生成新的形状图层"圆角矩形3"。

（24）选择"文件>置入嵌入对象"命令，弹出"置入嵌入的对象"对话框。选择云盘中的"Ch05>任务5.4设计旅游类App个人中心页>素材>09"文件，单击"置入"按钮，将图标置入图像窗口中，"图层"控制面板中将生成新的图层，将其重命名为"等级"。将图标拖曳到适当的位置并调整其大小，按Enter键确定操作，效果如图5-168所示。使用相同的方法分别绘制形状、输入文字并置入图标，制作出图5-169所示的效果，"图层"控制面板中将分别生成新的图层。

（25）按住Shift键的同时单击"圆角矩形3"图层，将需要的图层同时选中。按Ctrl+G组合键，群组图层并将其重命名为"Vip"，如图5-170所示。

图5-167　　　　　图5-168　　　　　图5-169

（26）选择"横排文字"工具 T.，在适当的位置分别输入需要的文字并选中文字，"图层"控制面板中将分别生成新的文字图层。在"字符"控制面板中，将"颜色"的RGB值分别设置为（51、51、51）和（153、153、153），并设置合适的字体和字号，按Enter键确定操作，效果如图5-171所示。

图 5-170　　　　　　　　　　　　　图 5-171

（27）选择"圆角矩形"工具 ▢，在属性栏中将"填充"颜色的 RGB 值设置为（255、151、1），将"描边"颜色设置为无，将"半径"选项设置为 32 像素。在图像窗口中适当的位置绘制一个圆角矩形，"图层"控制面板中将生成新的形状图层"圆角矩形 6"。选择"横排文字"工具 T，在适当的位置输入需要的文字并选中文字，"图层"控制面板中将生成新的文字图层。在"字符"控制面板中将"颜色"设置为白色，并设置合适的字体和字号，按 Enter 键确定操作，效果如图 5-172 所示。

（28）在"图层"控制面板中选中"圆角矩形 6"图层，按 Ctrl+J 组合键，复制该图层，"图层"控制面板中将生成新的形状图层"圆角矩形 6 拷贝"。在属性栏中将"填充"颜色的 RGB 值设置为（207、176、131），将"描边"颜色设置为无。在"属性"控制面板中单击"蒙版"按钮 ▣，各选项的设置如图 5-173 所示，按 Enter 键确定操作。在"图层"控制面板中将"圆角矩形 6 拷贝"图层拖曳到"圆角矩形 6"图层的下方，效果如图 5-174 所示。

图 5-172　　　　　　　　　　图 5-173　　　　　　　　　　图 5-174

（29）在"图层"控制面板中选中"圆角矩形 2"图层。选择"圆角矩形"工具 ▢，在图像窗口中适当的位置绘制一个圆角矩形，"图层"控制面板中将生成新的形状图层"圆角矩形 7"。在属性栏中将"填充"颜色的 RGB 值设置为（235、235、235），将"描边"颜色设置为无。在"属性"控制面板中单击"蒙版"按钮 ▣，各选项的设置如图 5-175 所示。按 Enter 键确定操作，效果如图 5-176 所示。

（30）在"图层"控制面板中将"圆角矩形 7"图层拖曳到"圆角矩形 2"图层的下方，按 Enter 键确定操作，效果如图 5-177 所示。按住 Shift 键的同时单击"打卡"文字图层，将需要的图层同时选中。按 Ctrl+G 组合键，群组图层并将其重命名为"用户信息"。

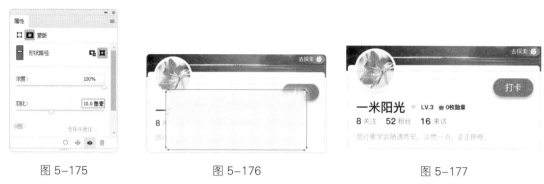

图 5-175　　　　　　　图 5-176　　　　　　　图 5-177

（31）选择"视图 > 新建参考线"命令，弹出"新建参考线"对话框，各选项的设置如图 5-178 所示，在距离上方参考线 24 像素的位置新建一条水平参考线。使用相同的方法在距离上方参考线 112 像素的位置新建一条水平参考线，各选项的设置如图 5-179 所示。分别单击"确定"按钮，完成参考线的创建。

（32）选择"圆角矩形"工具 ▢.，在属性栏中将"填充"颜色设置为白色，将"描边"颜色设置为无，将"半径"选项设置为 10 像素。在图像窗口中适当的位置绘制一个圆角矩形，"图层"控制面板中将生成新的形状图层"圆角矩形 8"。

（33）选择"横排文字"工具 T.，在适当的位置分别输入需要的文字并选中文字，"图层"控制面板中将分别生成新的文字图层。在"字符"控制面板中将"颜色"的 RGB 值分别设置为（51、51、51）和（153、153、153），并设置合适的字体和字号，按 Enter 键确定操作，效果如图 5-180 所示。

图 5-178　　　　　　　图 5-179　　　　　　　图 5-180

（34）选择"文件 > 置入嵌入对象"命令，弹出"置入嵌入的对象"对话框。选择云盘中的"Ch05 > 任务 5.4 设计旅游类 App 个人中心页 > 素材 > 11"文件，单击"置入"按钮，将图标置入图像窗口中，"图层"控制面板中将生成新的图层，将其重命名为"积分"。将图标拖曳到适当的位置并调整其大小，按 Enter 键确定操作，效果如图 5-181 所示。

（35）选择"圆角矩形"工具 ▢.，在图像窗口中适当的位置绘制一个圆角矩形，"图层"控制面板中将生成新的形状图层"圆角矩形 9"。在属性栏中将"填充"颜色的 RGB 值设置为（235、235、235），将"描边"颜色设置为无，按 Enter 键确定操作。在"属性"控制面板中单击"蒙版"按钮 ▣，各选项的设置如图 5-182 所示。按 Enter 键确定操作，效果如图 5-183 所示。

（36）在"图层"控制面板中将"圆角矩形 9"图层拖曳到"圆角矩形 8"图层的下方。按住 Shift 键的同时单击"积分"图层，将需要的图层同时选中。按 Ctrl+G 组合键，群组图层并将其重命名为"领积分"。使用相同的方法，再次绘制形状、输入文字、置入图标并群组图层，图层组如图 5-184 所示，制作出图 5-185 所示的效果。

图 5-181　　　　　　　　　　图 5-182　　　　　　　　　　图 5-183

图 5-184　　　　　　　　　　　　　图 5-185

（37）选择"视图 > 新建参考线"命令，弹出"新建参考线"对话框，各选项的设置如图 5-186 所示，在距离上方参考线 32 像素的位置新建一条水平参考线。使用相同的方法在距离上方参考线 140 像素的位置新建一条水平参考线，各选项的设置如图 5-187 所示。分别单击"确定"按钮，完成参考线的创建。

（38）选择"文件 > 置入嵌入对象"命令，弹出"置入嵌入的对象"对话框。选择云盘中的"Ch05 > 任务 5.4 设计旅游类 App 个人中心页 > 素材 > 13"文件，单击"置入"按钮，将图标置入图像窗口中，"图层"控制面板中将生成新的图层，将其重命名为"待付款"。将图标拖曳到适当的位置并调整其大小，按 Enter 键确定操作，效果如图 5-188 所示。

图 5-186　　　　　　　　　图 5-187　　　　　　　　　图 5-188

（39）单击"图层"控制面板下方的"添加图层样式"按钮 fx，在弹出的菜单中选择"渐变叠加"命令，弹出"图层样式"对话框。单击"渐变"选项右侧的"点按可编辑渐变"按钮，弹出"渐变编辑器"对话框，设置两个色标的"位置"选项分别为 0、100，设置两个色标颜色的 RGB 值分别为 0（255、222、0）、100（255、150、0），如图 5-189

所示。单击"确定"按钮，返回到"图层样式"对话框，其他选项的设置如图 5-190 所示。
单击"确定"按钮，效果如图 5-191 所示。

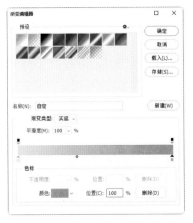
图 5-189

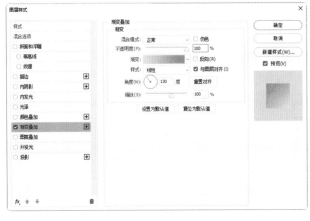
图 5-190

图 5-191

（40）使用相同的方法，再次分别置入需要的图标并添加"渐变叠加"效果，"图层"
控制面板中将分别生成新的图层。选择"横排文字"工具 **T.**，在适当的位置分别输入需要的
文字并选中文字，"图层"控制面板中将分别生成新的文字图层。在"字符"控制面板中将"颜
色"的 RGB 值设置为（153、153、153），并设置合适的字体和字号，按 Enter 键确定操作，
效果如图 5-192 所示。

（41）选择"文件 > 置入嵌入对象"命令，弹出"置入嵌入的对象"对话框。选择云盘
中的"Ch05 > 任务 5.4 设计旅游类 App 个人中心页 > 素材 > 18"文件，单击"置入"按钮，
将图标置入图像窗口中，"图层"控制面板中将生成新的图层，将其重命名为"展开"。
将图标拖曳到适当的位置并调整其大小，按 Enter 键确定操作，效果如图 5-193 所示。按住
Shift 键的同时单击"待付款"图层，将需要的图层同时选中。按 Ctrl+G 组合键，群组图层
并将其重命名为"我的订单"。

图 5-192

图 5-193

（42）选择"视图 > 新建参考线"命令，弹出"新建参考线"对话框，各选项的设置如
图 5-194 所示，在距离上方参考线 336 像素的位置新建一条水平参考线，单击"确定"按钮，
完成参考线的创建。选择"圆角矩形"工具 □，在属性栏中将"填充"颜色设置为白色，将
"描边"颜色设置为无，将"半径"选项设置为 10 像素。在图像窗口中适当的位置绘制一
个圆角矩形，如图 5-195 所示，"图层"控制面板中将生成新的形状图层"圆角矩形 10"。

（43）使用上述方法，分别输入文字、置入图标、添加"颜色叠加"效果并制作投影
效果，效果如图 5-196 所示，在"图层"控制面板中将生成新的图层组"常用工具"。按住
Shift 键的同时单击"去探索"图层组，将需要的图层组同时选中。按 Ctrl+G 组合键，群组
图层组并将其重命名为"内容区"。

图 5-194

图 5-195

图 5-196

（44）选择"视图 > 新建参考线"命令，弹出"新建参考线"对话框，各选项的设置如图 5-197 所示，在距离上方参考线 66 像素的位置新建一条水平参考线。使用相同的方法在距离上方参考线 98 像素的位置新建一条水平参考线，各选项的设置如图 5-198 所示。分别单击"确定"按钮，完成参考线的创建。

（45）按 Ctrl+O 组合键，打开云盘中的"Ch04 > 任务 4.2 设计旅游类 App 标签栏 > 效果 > 任务 4.2 设计旅游类 App 标签栏 .psd"文件。在"图层"控制面板中选中"标签栏"图层组，选择"移动"工具，将选中的图层组拖曳到新建的图像窗口中适当的位置，调整文字和图标的颜色。使用相同的方法，打开"Ch03 > 任务 3.6 设计旅游类 App 反馈控件 > 效果 > 任务 3.6 设计旅游类 App 反馈控件 .psd"文件，将"反馈控件"图层组拖曳到图像窗口中适当的位置，制作出图 5-199 所示的效果。

图 5-197

图 5-198

图 5-199

（46）折叠"标签栏"图层组。选择"文件 > 置入嵌入对象"命令，弹出"置入嵌入的对象"对话框。选择云盘中的"Ch05 > 任务 5.4 设计旅游类 App 个人中心页 > 素材 > 23"文件，单击"置入"按钮，将图片置入图像窗口中，"图层"控制面板中将生成新的图层，将其重命名为"Home Indicator"，如图 5-200 所示。将图片拖曳到适当的位置，按 Enter 键确定操作，效果如图 5-201 所示。旅游类 App 个人中心页设计完成。

图 5-200

图 5-201

任务 5.5 项目演练——设计旅游类 App 详情页

5.5.1 任务引入

本任务要求读者使用 Photoshop 设计旅游类 App 详情页，从而掌握详情页的设计要点与制作方法。

5.5.2 设计理念

在设计时，App 详情页的背景选择酒店图片，和旅游的主题贴合；文字字体统一设为苹方，使页面整齐；页面下方对具体的房型进行说明，并设置一个预定按钮，方便用户预定。最终效果参看"云盘 /Ch05/ 任务 5.5 项目演练——设计旅游类 App 详情页 / 效果 / 任务 5.5 项目演练——设计旅游类 App 详情页 .psd"，如图 5-202 所示。

图 5-202

微课

设计旅游类 App
详情页 1

微课

设计旅游类 App
详情页 2

任务 5.6　项目演练——设计旅游类 App 注册登录页

5.6.1　任务引入

本任务要求读者使用 Photoshop 设计旅游类 App 注册登录页，从而掌握注册登录页的设计要点与制作方法。

5.6.2　设计理念

在设计时，App 注册登录页选择整幅风景图片作为背景，营造轻松的感觉；文字统一为苹方、白色，和背景风格一致；将登录按钮设置为橙色的椭圆形，醒目突出，使页面功能更明确。最终效果参看"云盘 /Ch05/ 任务 5.6 项目演练——设计旅游类 App 注册登录页 / 效果 / 任务 5.6 项目演练——设计旅游类 App 注册登录页 .psd"，如图 5-203 所示。

图 5-203

微课

设计旅游类 App
注册登录页

任务 5.7   项目演练——设计电商类 App 页面

微课
设计电商类 App
闪屏页

微课
设计电商类 App
引导页 1

微课
设计电商类 App
引导页 2

微课
设计电商类 App
引导页 3

微课
设计电商类 App
首页 1

微课
设计电商类 App
首页 2

微课
设计电商类 App
首页 3

微课
设计电商类 App
详情页 1

微课
设计电商类 App
详情页 2

微课
设计电商类 App
详情页 3

微课
设计电商类 App
个人中心页 1

微课
设计电商类 App
个人中心页 2

微课
设计电商类 App
注册登录页

5.7.1　任务引入

本任务要求读者使用 Photoshop 设计电商类 App 页面，从而掌握电商类 App 页面的设计要点与制作方法。

5.7.2　设计理念

在设计时，App 页面以 1 个闪屏页、3 个引导页、1 个首页、1 个详情页、1 个个人中心页和 1 个注册登录页的形式呈现，分功能满足客户的需求；几个页面颜色以怀旧色调为主，给人以温暖、舒服的感觉。最终效果参看"云盘 /Ch05/ 任务 5.7 项目演练——设计电商类 App 页面 / 效果 / 任务 5.7 项目演练——设计电商类 App 页面 .psd"，如图 5-204 所示。

（a）闪屏页

（b）引导页1

（c）引导页2

（d）引导页3

（e）首页

（f）详情页

（g）个人中心页

（h）注册登录页

图 5-204

任务 5.8　项目演练——设计餐饮类 App 页面

微课
设计餐饮类 App
闪屏页

微课
设计餐饮类 App
引导页 1

微课
设计餐饮类 App
引导页 2

微课
设计餐饮类 App
引导页 3

微课
设计餐饮类 App
首页 1

微课
设计餐饮类 App
首页 2

微课
设计餐饮类 App
首页 3

微课
设计餐饮类 App
详情页 1

微课
设计餐饮类 App
详情页 2

微课
设计餐饮类 App
详情页 3

微课
设计餐饮类 App
详情页 4

微课
设计餐饮类 App
个人中心页 1

微课
设计餐饮类 App
个人中心页 2

微课
设计餐饮类 App
注册登录页

5.8.1　任务引入

本任务要求读者使用 Photoshop 设计餐饮类 App 页面，从而掌握餐饮类 App 页面的设计要点与制作方法。

5.8.2　设计理念

在设计时，App 页面以 1 个闪屏页、3 个引导页、1 个首页、3 个详情页、1 个个人中心页和 1 个注册登录页的形式呈现；页面整体风格清新，色调选择橙色系，给人以健康、阳光的感觉。最终效果参看"云盘/Ch05/任务 5.8 项目演练——设计餐饮类 App 页面/效果/任务 5.8 项目演练——设计餐饮类 App 页面 .psd"，如图 5-205 所示。

（a）闪屏页

（b）引导页1

（c）引导页2

（d）引导页3

（e）首页

（f）详情页1
（去结算）

（g）详情页2
（未选择）

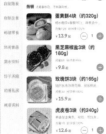

（h）详情页3
（未满起送费）

图 5-205

（i）个人中心页

（j）注册登录页

图 5-205（续）

项目6

06

快速输出UI设计——UI设计输出

清晰、有效的设计方案是UI设计师重要的输出物之一，它会直接影响到设计效果的还原度。本项目对UI页面的标注、UI页面的切图以及UI页面的命名等基础知识及相关规则进行系统讲解与演练操作。通过本项目的学习，读者将对UI设计输出有一个基本的认识，并掌握UI设计输出的方法与技巧。

🔍 学习引导

🖥 知识目标

- 熟悉 UI 页面的标注内容
- 掌握 UI 页面的切图规则
- 了解 UI 页面的常用名字

✅ 能力目标

- 掌握 UI 页面的标注方法
- 掌握 UI 页面的切图方法
- 掌握 UI 切图的命名方法

📊 实训项目

- 标注旅游类 App 注册登录页
- 制作旅游类 App 注册登录页切图
- 命名旅游类 App 注册登录页切图

📝 素养目标

- 培养善始善终的工作习惯
- 提高团队合作能力

相关知识： **UI设计输出的基础知识**

1 UI页面标注内容

页面中的标注内容通常包括文字、按钮、图标、图片、间距以及投影等，如图6-1所示。

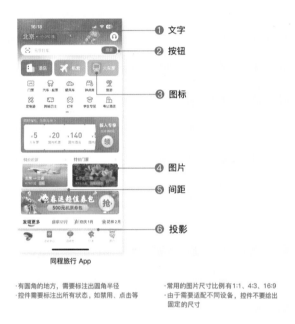

图 6-1

在进行文字的标注时，需要标注出文字的字体、字号、字重、颜色以及不透明度等属性，如图6-2所示。

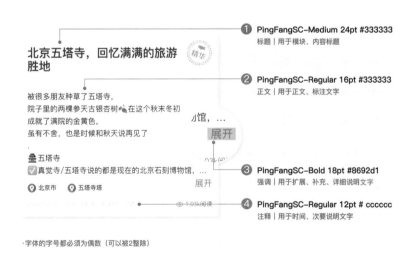

图 6-2

在进行图标的标注时，需要注意，标注的尺寸应包含可点击的空白像素的尺寸，即标注实际切图尺寸，如图6-3所示。

图 6-3

在进行按钮的标注时，对于重复出现的属性，只需标注其中之一即可，如图6-4所示。

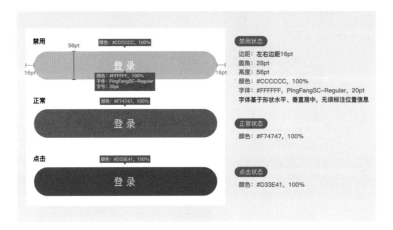

图 6-4

间距通常以 4 的倍数和 8 的倍数为基准进行设计，因此在标注时，通常会标注出 4pt、8pt、16pt 这样的尺寸，如图 6-5 所示。

图 6-5

在进行投影的标注时，通常要标注出颜色、不透明度、位置以及效果参数等，如图 6-6 所示。

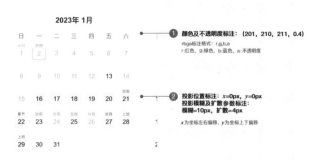

图 6-6

2 UI 页面切图规则

（1）图标需输出多个尺寸

在开发时，由于各机型的屏幕分辨率不同，需要针对不同机型进行适配，因此图标需要输出 @2x 和 @3x 的切图。例如一个图标切图的 @2x 尺寸是 48px×48px，那么 @3x 尺寸是 72px×72px，如图 6-7 所示。

图 6-7

（2）切图尺寸必须为偶数

单数像素切图会导致切图元素边缘模糊，使开发出来的 App 界面效果与原设计效果相差甚远，如图 6-8 所示。

图 6-8

（3）点击区域不能小于 44px×44px

iOS 规定点击区域为 44px×44px，在 @2x 中就是 88px×88px，如图 6-9 所示。

（4）按钮需要输出所有状态的切图

在切图过程中，按钮不仅要输出正常（默认）状态的切图，还要输出其他状态的切图，比如点击状态以及禁用状态，如图 6-10 所示。

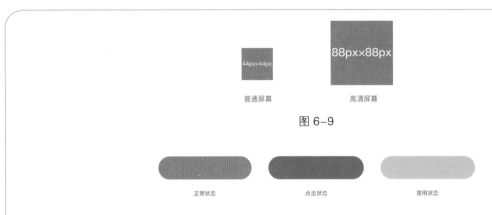

图 6-9

图 6-10

③ UI 页面常用名字

UI 页面中内容的名字全部由小写字母组成，下面对常用名字进行了整理，可以帮助大家更好地进行命名，如图 6-11 所示。

页面	控件	类别	常见状态
登录页: login	状态条: status	图片: image	正常: normal
登录: sign in	导航栏: nav	滚动条: scroll	按下: press
注册: sign up	标签栏: tab/tabbar	进度条: progre	禁用: disabled
主页: home	搜索栏: searchbar	图标: icon	选中: selected
发现: find	工具栏: toolbar	标签: tab	
探索: explore	按钮: btn	标记: sign	
搜索结果: search results	编辑菜单: edit menus	编辑框: edit	
活动: activity	标签: lab		
管理: management	分段选项卡: segmented controls		
信息: messages	提醒视图: alert view		
新闻: news	弹窗: popup		
音乐: music	扫描: scanning		
笔记: notes	选择器: picker		
设置: settings	页面控制器: page controls		
个人中心: personal center	进度指示器: progress Indicator		

图 6-11

任务 6.1　标注旅游类 App 注册登录页

微课
标注旅游类 App
注册登录页 1

微课
标注旅游类 App
注册登录页 2

微课
标注旅游类 App
注册登录页 3

微课
标注旅游类 App
注册登录页 4

微课
标注旅游类 App
注册登录页 5

6.1.1 任务引入

本任务要求读者使用PxCook标注旅游类App注册登录页，从而掌握注册登录页的标注方法。

6.1.2 任务知识

PxCook又名像素大厨，是一款可以进行自动标注并生成切图的软件。自2.0.0版本开始，该软件便可以自动智能识别PSD文件中的文字、颜色、距离，如图6-12所示。

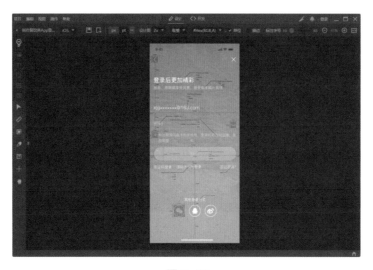

图 6-12

6.1.3 任务实施

1 安装软件

（1）打开PxCook官网，单击页面中的"立即下载"按钮，如图6-13所示。在弹出的对话框中设置下载路径，如图6-14所示。单击"下载"按钮，下载应用程序安装包，结果如图6-15所示。

图 6-13

图 6-14　　　　　　　　　　　　　　　　　　图 6-15

（2）双击应用程序安装包，弹出对话框，如图 6-16 所示。在其中单击"下一步"按钮，弹出新的界面，如图 6-17 所示。选择"我同意此协议"单选按钮，单击"下一步"按钮，弹出新的界面，如图 6-18 所示。选择目标位置，单击"下一步"按钮，弹出新的界面，如图 6-19所示。勾选"创建桌面快捷方式"和"创建快速运行栏快捷方式"复选框，单击"下一步"按钮。

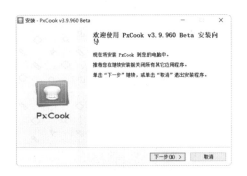

图 6-16　　　　　　　　　　　　　　　　　　图 6-17

图 6-18　　　　　　　　　　　　　　　　　　图 6-19

（3）弹出新的界面，如图 6-20 所示，单击"安装"按钮，安装应用程序。安装完成后弹出的界面如图 6-21 所示，单击"完成"按钮。

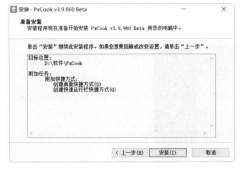

图 6-20　　　　　　　　　　　　　　　　　　图 6-21

② 标注图标

（1）打开 PxCook，如图 6-22 所示。选择"项目 > 新建项目"命令，弹出"创建项目"对话框，具体设置如图 6-23 所示。单击"创建本地项目"按钮，新建项目。

图 6-22　　　　　　　　　　　　　　　　　图 6-23

（2）选择云盘中的"Ch05 > 任务 5.6 设计旅游类 App 注册登录页 > 效果 > 任务 5.6 设计旅游类 App 注册登录页 .psd"文件，将其拖曳到 PxCook 项目的图像窗口中，如图 6-24 所示，效果如图 6-25 所示。双击画板，效果如图 6-26 所示。

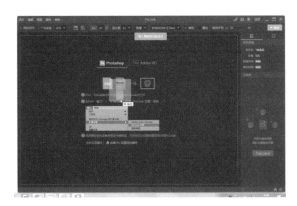

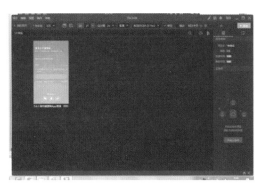

图 6-24　　　　　　　　　　　　　　　　　图 6-25

图 6-26

（3）放大视图，选择"区域标注"工具■，在需要标注的图标上绘制标注区域，如图 6-27 所示。使用相同的方法标注其他图标，效果如图 6-28 所示。

图 6-27

图 6-28

3 标注文字

选中需要标注的文字，如图 6-29 所示。在属性栏中进行设置，如图 6-30 所示。使用"生成文本样式标注"工具■标注文字，如图 6-31 所示。使用相同的方法标注其他文字，效果如图 6-32 所示。

图 6-29

图 6-30

图 6-31

图 6-32

④ 标注按钮

（1）选择"颜色标注"工具 ，将鼠标指针放置在按钮中需要标注颜色的位置，如图 6-33 所示，单击即可标注按钮颜色。

图 6-33

（2）选择"距离标注"工具 ，在需要测量的起始位置单击，如图 6-34 所示，移动鼠标指针到需要测量的结束位置，单击，生成按钮高度的标注，如图 6-35 所示。使用相同的方法标注出按钮的宽度，效果如图 6-36 所示。

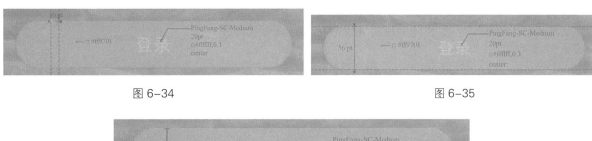

图 6-34　　　　　　　　　　　　　　　　　图 6-35

图 6-36

⑤ 标注间距

（1）选择"距离标注"工具 ，在需要测量的起始位置单击，如图 6-37 所示，移动鼠标指针到需要测量的结束位置，单击，生成图标与文字之间的距离标注，如图 6-38 所示。

图 6-37　　　　　　　　　　　　　　　　　图 6-38

（2）使用相同的方法标注出其他间距，效果如图 6-39 所示。旅游类 App 注册登录页标注完成。

图 6-39

任务 6.2　制作旅游类 App 注册登录页切图

6.2.1　任务引入

本任务要求读者使用 Cutterman 对旅游类 App 注册登录页进行切图，从而掌握注册登录页的切图方法。

微课

制作旅游类 App
注册登录页切图

6.2.2　任务知识：Cutterman

Cutterman 是一款运行在 Photoshop 中的插件，能够自动将需要的图层输出，用于简化传统的手动导出 Web 所用格式以及使用切片工具进行逐个切图的烦琐流程。它支持输出各种尺寸、格式、形态的图片，以便在 iOS、Android、Web 等平台上使用，如图 6-40 所示。

6.2.3　任务实施

（1）打开 Cutterman 官网的下载页面，单击页面中的"下载"按钮，如图 6-41 所示。在弹出的对话框中设置下载路径，如图 6-42 所示。单击"下载"按钮，下载插件安装包，将其解压，结果如图 6-43 所示。

图 6-40

图 6-41

图 6-42

图 6-43

（2）双击解压后的安装包，弹出"Cutterman Installer Setup"对话框自动安装插件，如图 6-44 所示。在对话框中单击"Close"按钮，关闭对话框。

（3）打开 Photoshop，按 Ctrl+O 组合键，打开云盘中的"Ch05 > 任务 5.6 设计旅游类 App 注册登录页 > 效果 > 任务 5.6 设计旅游类 App 注册登录页 .psd"文件，效果如图 6-45 所示。

（4）选择"窗口 > 扩展功能 > Cutterman- 切图神器"命令，弹出"Cutterman- 切图神器"控制面板，在其中设置文件的输出路径为"任务 6.2 制作旅游类 App 注册登录页切图"，其他选项的设置如图 6-46 所示。

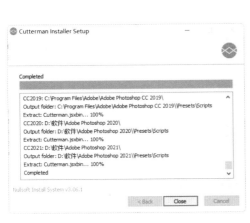

图 6-44

图 6-45

图 6-46

（5）在"图层"控制面板中展开"导航栏"图层组，选中"返回"图层，按住 Shift 键的同时单击"关闭"图层，将其同时选中，如图 6-47 所示。在"Cutterman- 切图神器"控制面板中，设置"固定尺寸"选项为 48×48，如图 6-48 所示。单击"导出选中图层"按钮，输出切图文件，效果如图 6-49 所示。

图 6-47   图 6-48   图 6-49

（6）在"图层"控制面板中展开"密码"图层组，单击"显示"图层左侧的空白区域 □，显示该图层。按住 Shift 键的同时选中需要的图层，如图 6-50 所示。展开"选择控件"图层组，单击"未填充"图层组左侧的空白区域□，显示该图层组。按住 Shift 键的同时选中需要的图层组，如图 6-51 所示。分别单击"导出选中图层"按钮，输出对应的切图文件，效果如图 6-52 所示。

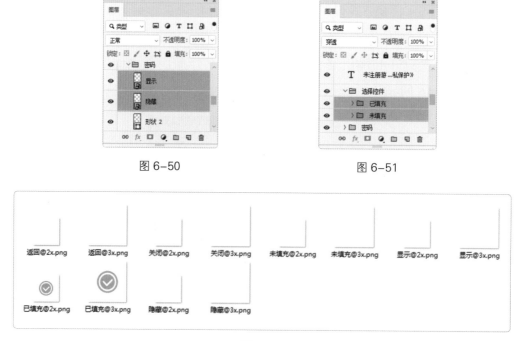

图 6-50   图 6-51

图 6-52

（7）在"Cutterman- 切图神器"控制面板中取消设置"固定尺寸"选项，如图 6-53 所示。在"图层"控制面板中展开"登录按钮"图层组，单击"登录（正常状态）"图层组左侧的空白区域□，显示该图层组。按住 Shift 键的同时选中需要的图层组，如图 6-54 所示。展开"其他登录方式"图层组，按住 Shift 键的同时选中需要的图层，如图 6-55 所示。分别单击"导出选中图层"按钮，输出对应的切图文件，效果如图 6-56 所示。旅游类 App 注册登录页切图制作完成。

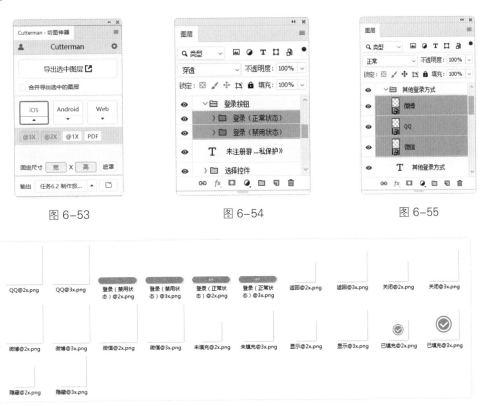

图 6-53   图 6-54   图 6-55

图 6-56

任务 6.3　命名旅游类 App 注册登录页切图

6.3.1　任务引入

微课

命名旅游类 App
注册登录页切图

本任务要求读者对旅游类 App 注册登录页切图进行命名，从而掌握注册登录页切图的命名方法。

6.3.2　任务知识：命名规则

UI 页面中内容的命名规则包括组成、符号以及格式 3 个方面。名字需要使用小写英文字母，不建议使用中文。使用下划线"_"来进行单词之间的分隔。需要按照"组件 _ 类别 _ 名称 _ 状态 @ 倍数"格式进行命名，如图 6-57 所示。

图 6-57

6.3.3 任务实施

UI 页面中内容的命名格式为：组件 _ 类别 _ 名称 _ 状态 @ 倍数。下面以"返回"图标切图的二倍状态为例进行介绍。

其组件为导航栏，即 nav；类别为图标，即 icon；名称为返回，即 return；状态为默认，即 default；倍数为 2，即 @2x。因此，该图标切图名字为"nav_icon_return_default@2x"，命名效果如图 6-58 所示。使用相同的方法命名其他图标切图，效果如图 6-59 所示。

图 6-58   图 6-59

任务 6.4   项目演练——命名电商类 App 注册登录页切图

6.4.1 任务引入

本任务要求读者使用 PxCook 标注页面；使用 Cutterman 进行切图；按照 UI 页面中内容的命名格式对切图进行命名。

6.4.2 任务实施

用 PxCook 对电商类 App 注册登录页进行标注；在 Photoshop 中安装插件 Cutterman，对电商类 App 注册登录页进行切图；对电商类 App 注册登录页切图进行命名。最终效果参看"云盘/Ch06/任务 6.4 项目演练——命名电商类 App 注册登录页切图/效果/任务 6.4 项目演练——命名电商类 App 注册登录页切图"文件夹，如图 6-60 所示。

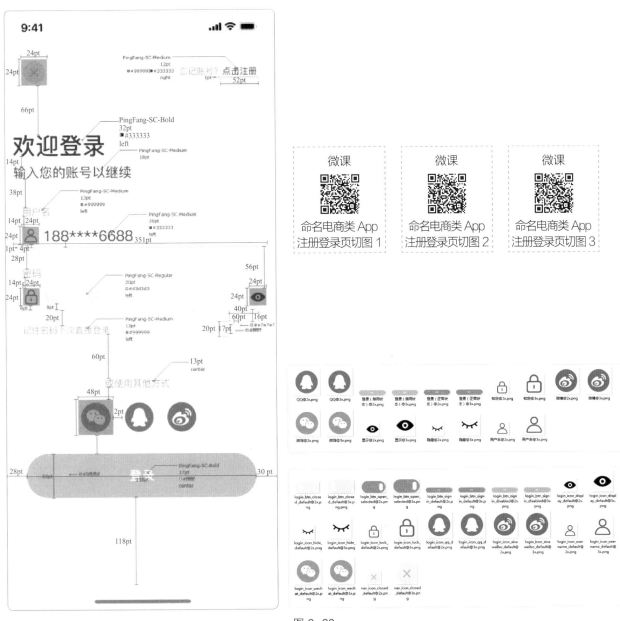

微课 命名电商类 App 注册登录页切图 1

微课 命名电商类 App 注册登录页切图 2

微课 命名电商类 App 注册登录页切图 3

图 6-60

任务 6.5   项目演练——命名餐饮类 App 注册登录页切图

6.5.1   任务引入

本任务要求读者使用 PxCook 标注页面；使用 Cutterman 进行切图；按照 UI 页面中内容的命名格式对切图进行命名。

6.5.2   任务实施

用 PxCook 对餐饮类 App 注册登录页进行标注；在 Photoshop 中安装插件 Cutterman，对餐饮类 App 注册登录页进行切图；对餐饮类 App 注册登录页切图进行命名。最终效果参看"云盘 /Ch06/ 任务 6.5 项目演练——命名餐饮类 App 注册登录页切图 / 效果 / 任务 6.5 项目演练——命名餐饮类 App 注册登录页"文件夹，如图 6-61 所示。

微课

命名餐饮类 App
注册登录页切图 1

微课

命名餐饮类 App
注册登录页切图 2

微课

命名餐饮类 App
注册登录页切图 3

图 6-61

图 6-61（续）